새 한입, 벌레 한입, 사람 한입

땅을 살리고 사람을 살리는 농사꾼 이야기

새 한입, 벌레 한입, 사람 한입

전국귀농운동본부 엮음

들녘

새한입 바람한입 사람한입 ⓒ (사)전국귀농운동본부 2001

초판 1쇄 발행일 2001년 5월 2일
초판 2쇄 발행일 2007년 10월 15일

지은이 전국귀농운동본부
펴낸이 이정원

펴낸 곳 도서출판 들녘
등록일자 1987년 12월 12일
등록번호 10-156
주소 경기도 파주시 교하읍 문발리 파주출판단지 513-9
전화 마케팅 031-955-7374   편집 031-955-7381
팩시밀리 031-955-7393
홈페이지 www.ddd21.co.kr

ISBN 89-7527-166-8 (04810)
          89-7527-160-9 (세트)

(사)전국귀농운동본부
서울시 성동구 금호동 4가 990-2 세보빌딩 2층 | 전화 02-2281-4611
www.refarm.org

농부가 콩알 세 개를 심는 까닭은?

옛날부터 농부가 콩을 심을 때는 세 개씩 심는다. 하나는 하늘을 나는 새의 몫이고, 다른 하나는 땅 속의 벌레들 몫이며, 나머지 하나를 사람이 먹을거리로 하기 위해서이다. 이처럼 예로부터 우리 조상들은 자신을 자연의 일부로 생각했고, 자연과 나누며 살아가려 했다. 한마디로 공생의 삶을 살아온 것이다.

감나무에서 감을 따도 맨 끝의 것은 새들이 먹을거리로 남겨두었고, 수챗구멍에 허드렛물을 버릴 때도 뜨거운 물은 반드시 식혀서 버려 그곳에 사는 미생물을 죽이지 않았다. 벼를 수확하고 나서도 볏짚을 그대로 밭에 깔아주어 자기 먹을 나락만 빼고는 그대로 다시 흙 속으로 돌려주었다.

한데, 이런 공생의 삶에는 나름대로 지혜로운 실용적인 목적도 있었다. 콩알 세 개를 심는다지만, 실제로는 새가 먹고 벌레가 먹는다기보다 세 개를 심어야 싹이 날 때 서로 협력하여 잘 자란다. 높은 곳의 감도 구태여 위험하게 힘들여 따지 않고 남겨두어 새가 먹도록 하는 자상한 마음의 여유를 가졌고, 뜨거운 물을 버리지 않아 수챗구멍이 썩는 것을 방지하면서 그곳에 사는 작은 뭇 생명들의 소중함도 알았다. 뿐만 아니라 볏짚을 밭에 깔아두면, 햇빛을 차단하여 잡초의 발아를 막으면서 또한 그것이 썩어 좋은 거름이 되었다.

　　많은 사람들이 농사란 벌레와 잡초와의 전쟁이라고들 한다. 참으로 무섭고 어리석은 말이 아닐 수 없다. 잡초와 벌레를 인간의 적으로 여겨 화학무기로나 쓸 수 있는 독한 농약과 제초제를 마구 뿌려대니 전쟁이 아닐 수 없다. 하지만 그 독성이 그대로 남아 다시 인간에게 돌아옴에도 여전히 그것을 쓰고 있는 것을 보면 인간처럼 어리석은 존재도 없을 듯하다.

　　벌레나 잡초는 그 역사가 실로 장구하다. 2억 년이 넘었다는 벌레의 역사에 비하면 4만 년 정도 되는 현생 인류의 역사는 순간에 불과하다. 하물며 지구 생명의 역사나 다름없는 식물의 역사와 비교한다면 참으로 찰나일 뿐이다. 그래서 지구에 핵전쟁과 같은 대재앙이 일어나도 벌레와 풀은 살아남는다고 하지 않는가.

　　실제로 아무리 독한 농약과 제초제를 뿌려대도 벌레와 잡초는 결코 사라지지 않는다. 오히려 내성이 생겨 생명력이 더 강해지니 약의 사용량만 늘어날 뿐이다. 그만큼 인간에게 돌아오는 독성도 강해질 수밖에 없다.

　　결국 벌레와 잡초를 이기려는 발상 자체부터 포기하지 않으면 안 된다. 애초부터 그들을 배제하고 인간들만 독차지하려는 욕심을 버려야 한다. 다시 옛날 우리 조상들의 공생의 지혜와 삶으로 돌아가는 길밖에 없다는 것을 알아야 한다.

공생의 삶이란 자연의 순환 이치를 앎으로써 가능하다. 순환은 생태계의 먹이사슬과 같다. 먹이사슬에는 절대 강자란 없다. 서로 먹고 먹히면서 그런 관계를 순환적으로 이어가며 공생의 삶을 누린다. 약육강식(弱肉强食)이라고 하지만 절대 한 종을 멸종시키는 일은 일어나지 않는다. 적당히 자기 먹을 것만을 취하면서 또한 누군가에게 먹힐 줄을 아는 것이다. 그래서 생태계의 먹이사슬은 강자생존(强者生存)이 아니라 적자생존(適者生存)이라고 한다.

순환의 먹이사슬엔 쓰레기란 없다. 자기 먹을 것말고는 모두 다 자연으로 되돌리는 까닭이다. 하다못해 똥조차도 미생물의 먹이가 되게끔 한다. 그리고 결국은 다시 인간의 입으로 되돌아온다. 그래서 옛 어른들은 "자기 똥을 3년 동안 먹지 않으면 살 수가 없다"고 했다.

서양의 열강기업이 조선 말 우리나라를 식민지로 취하기 위해 들어왔을 때 제일 먼저 만든 것 중 하나가 쓰레기장이었다고 한다. 원래 쓰레기가 없으니 쓰레기장이 있을 리 만무한 터이다. 그렇게 우리 조상들은 순환의 이치에서 한 치도 벗어나지 않는 삶을 살았으며, 그 속에서 공생의 삶을 누려온 것이다.

이런 순환과 공생의 삶은 인간을 자립적으로 만들어준다. 똥이 곡식이 되고 그 곡식을 다른 뭇 생명들과 함께 나누며 자기 삶을 온전하게 만드니 누구에게 의지할 필요가 없다. 이런 이치에서 벗어난 도시 과학기술문명의 삶은 자립적일 수 없다. 자기 먹을 것과 에너지를 한시라도 외부에서 공급받지 못하면 스스로를 유지할 수 없는 까닭이다. 이런 삶은 먹기만 하고 싸기만 하는 아주 편협하고 이기적인 것일 수밖에 없다. 낭비적일 뿐 아니라 착취적이고 지배적이고 독점적이며, 조화롭지 못하여 대립적이고 평화롭지 못하여 갈등적이다.

공생과 순환의 삶이 자립적인 것은 필요한 자원을 외부에 의존하지 않고 스스로 만들어 쓰면서 남는 것은 서로 나누며 사는 까닭이다. 똥을 소중히 여기고 그로써 나온 곡식으로 뭇 생명을 살릴 줄 알아 자연과 조화로운 삶이 된다. 인간과 자연이 똥과 곡식을 매개로 영속적으로 순환하는 까닭이다. 똥을 더럽게 여기지 않으니 낮은 것의 소중함을 알아 평화로운 삶이 된다. 낮은 것을 가볍게 보지를 않아 교만해지지 않는 까닭이다. 똥으로써 자연을 살리고 곡식으로써 남을 살리니 가치 있는 삶이 된다. 가치 없는 것으로써 나와 남을 함께 살리니 무에서 유를 창조하는 까닭이다.

그렇다면 이렇게 공생과 순환의 이치로써 삶을 영속적으로 만들어주는 세상은 어떠한 세상일까? 그것은 똥으로 곡식을 만들고 그로써 다른 생명들과 함께 삶을 누리는 사회, 곧 농업이 중심이 되는 사회일 수밖에 없다.

이 책은 자연과 공생의 삶을 살며 과학기술문명으로 죽어가고 있는 이 땅을 살리기 위해, 온몸을 바치고 있는 열아홉 명의 참된 농사꾼들의 이야기이다. 그들은 비록 수적으로는 적지만 우리의 '오래된 미래'를 '오늘의 미래'로 일구어가고 있는 진정한 농사꾼들이다. 그들이 일구고 있는 미래란, 새의 몫과 벌레의 몫을 알고 그 속에서 자연과 더불어 사는 공생의 삶이다. 그리고 그들은 그러한 삶이 바로 우리 조상들이 오랫동안 누려왔던 삶의 방식을 오늘의 미래로 되살리는 것임을 온몸으로 실천하고자 하는 사람들이다.

그러나 독자 여러분은 이 책에 나오지 않는 많은 참된 농사꾼들이 우리 주변에 적지 않다는 사실을 알았으면 한다. 더불어 우리의 게으름과 불찰로 의도치 않게 꼭 소개해야 할 분들이 빠지게 되었음을 알았으면 좋겠다.

또한 바쁜 와중에도 우리의 취재에 흔쾌히 응해주시고, 이렇게 지면으로 당신들의 삶이 공개되어 겪는 괜한 이목과 혹시라도 있을 곡해에 아랑곳하지 않으시고 참된 말씀을 주신 여러 선생님들께도 진심으로 감사의 인사를 올리고 싶다.

마지막으로, 호주머니를 털어 직접 여비를 마련하면서까지 시골 구석구석으로 취재하며 좋은 글을 써주신 필자 여러분께도 대표하여 감사의 말을 전하고자 한다.

2001년 4월 30일
《귀농통문》편집부

|제2부| 흙

작물은 농부의 발소리를 들으며 자란다

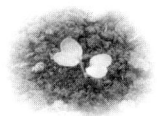

|제 3 부| 공동체

녹슨 쇠의 무딘 날이 풀무불 속에서 쓸모 있는 연장이 되듯…

|제 4 부| 귀농
진정한 농민은 땅을 갈고, 자식을 갈고, 세상을 가는 사람이다

화엄적 세계관으로 이룰 생명공동체 · 257

새하늘 새땅을 찾아 닻을 내리다 · 267

귀농은 삶의 뿌리 찾기 · 280

새 한입
벌레 한입
사람 한입

제1부

무릇 농사는 하늘이 짓고 땅이 짓는다.
사람은 심부름꾼일 뿐…

한국의 유기농 운동과 공동체 운동의 개척자

— 풀무원 농장 대표 원경선 선생

바르게 사는 삶과 더불어 사는 삶

50여 년 풀무원 농장(경기도 양주)의 역사를 처음부터 이끌어온 원경선 선생(88세)은 꽤 저명한 인사이다. 선생은 유엔이 제정한 글로벌 500인 상을 수상할 정도로, 국내만이 아니라 해외에서도 환경운동가로 책과 신문 방송을 통해 그 명성이 높아진 지 오래이다. 그런데 선생의 직업은 단지 농부에 불과하다. 농부인 원 선생이 그렇게 유명해진 까닭은 무엇일까?

"경기도 이천에 아는 사람 자제의 결혼식 주례를 보러 갔을 때 들은 얘기입니다. 잔치밥 얻어먹으러 온 거지가 있어 신랑 아버님이 그 사람에 대해서 얘기를 해주는데, 한번은 길을 가다 그 거지가 어린 거지를 회초리로 때리며 하는 말이 재미있어서 기억이 나더랍니다. 각설이 타령을 가르치고 있던 모양인데 어린 거지 놈이 가사를 제대로 외우질 못하자 어른 거지가 회초리로 종아리를 때리며 하는 말이, '야 이놈아, 너 그렇게 머리가 나빠 가지고 이 다음에 뭐 해 먹고 살 거냐, 임마 그러다가 이 다음에 저기 논바닥에서 풀 매고 있는 농사꾼밖에 할 짓이 없어, 그러니 정신 차리고 제대로 해봐!' 하는 거였답니다. 한마디로 농사꾼이란 거지보다 못하다는 거지요.

 그런데 나는 학력도 없고 돈도 없이 평생을 거지도 깔보는 농부로 살아온 사람인데 이렇게 유명(?)해진 걸 보면 참 아이러니한 일이죠. 아마 제가 보기에는, 이 나이 먹도록 아직도 노동을 하고 있다는 것 때문이 아닐까 생각합니다. 이런 나이에 농사도 직접 짓고 포크레인까지 몰며 노동하는 게 쉬운 일은 아니죠. 그러다 보니 여기저기 불려 다니는 일이 잦곤 한데, 한번은 서울 고건 시장과 강연훈, 서영훈, 이세중 씨 등 내로라하는 분들이 모여 '장묘 문화운동', 곧 화장 권장 운동을 국민운동으로 발전시키고자 발기총회를 열어 나를 초청한 적이 있었습니다. 갔더니 글쎄, 나를 보고 임시의장을 하라는 겁니다. 연장자이니 나보고 하라는 거죠. 몇 번 사양하다 하는 수 없이 올라갔는데, '나이 대접을 해주니 기분은 좋지만 화장하자는 모임에서 이런 자리에 앉히는 걸 보니 나보고 화장 제1호로 하라는 말 아니냐'고 해서 한바탕 웃음바다가 되었죠. 하여튼 나는 그 자리에서 이런 말을 먼저 했습니다. 화장도 좋지만 먼저 '헌체(獻體)', 곧 시신 기증을 하자고 했죠. 지금 해부용 시신이 모자라 비싼 달러를 주고 수입하고 있는 형편이라고 합니다. 그런데 나 같은 늙은이의 몸은 쓸 만한 장기가 없다고 합니다. 그러니 해부용으로라도 쓸 수 있도록 기증 운동을 하자는 거지요."

선생은 직업은 농부이지만 사실 직업적으로 농사일을 해온 적은 없었다. 오직 선생에게 중요한 것은 바르게 살며 이웃과 더불어 사는 삶이었다. 선생이 농사일을 천직으로 삼고 공동체 농장과 유기농업을 하게 된 것도 다 그런 삶의 태도에 근거한 것이었다.

우선 바르게 살려면 제일 먼저 스스로 자립할 수 있는 능력을 갖춰야 한다. 그런데 자립이란 돈이 많다고 해서 되는 게 아니다. 중요한 것은 노동의 자립이나. 논이란 것은 진실되지 못한 것이라 항상 사람을 속이고 사람 사이를 왜곡시키게 마련이다.

돈으로는 결코 자립할 수가 없다. 선생이 농사를 선택하게 된 것도 그런 까닭이리라. 농사는 노동과 부쳐먹을 땅만 있다면 얼마든지 자기 먹을 것은 스스로 자급할 수가 있다. 그래서 선생은 가장 바르게 살 수 있는 길은 바로 농사에 있다고 본 것이다.

그런데 문제는 내가 바르게 살아도 이웃이 불행하다면 절대 나만 행복할 수 없다는 데에 있다. 바로 이 점이 더불어 살지 않으면 안 되는 까닭이다.

경기도 부천에서 풀무원 농장을 꾸리던 시절의 얘기이다. 풀무원 농장이 본격적인 공동체 마을로 된 것은 70년대 말 경기도 양주로 이주했을 때부터였지만, 부천에서도 사실상 공동체나 다름없는 생활을 해오던 터였다. 당시 같은 교회에 나가던 젊은 여성한테 선생은 아주 급박한 사정을 듣게 되었다. 5·16 군사 정권이 조직 폭력배를 소탕하고 있을 때의 얘기이다. 우연히 안면이 있던 깡패 한 사람이 그 여성에게 와서는, 일본으로 밀항을 해야겠는데 돈이 반밖에 준비되지 않아 일단 일

아흔을 바라보고 있는 선생이 지금도 포크레인을 몰 수 있다고 노익장을 자랑하는 데에는, 욕심 없는 마음과 평생 일에서 손을 떼보지 않은 부지런함이 있다. 단지 당신보다 몸이 불편한 부인을 볼 때면, 그 동안 공동체 안살림을 이끌어오느라 마음 고생, 몸 고생만 시킨 것 같아 미안한 마음을 지울 수가 없다고 한다.

본 가서 나머지를 주겠다고 속이고는 선장을 바다 위에서 빠뜨려 죽여 도망하겠다고 얘기했다는 것이다. 선생은 당장 그 청년을 만나러 갔다.

"네 사정을 내가 다 들었는데, 아무 말 말고 무조건 우리 농장으로 가자. 거기서 새 삶을 꾸려보도록 하자. 내 말을 듣지 않으면 너도 죽고 너 때문에 애꿎은 사람마저 죽는다."

"범인 은닉죄가 얼마나 무서운지 알고서 하는 말씀입니까?"

"그게 그렇게 대단한지 모르겠지만 우선 사람부터 살리고 보아야겠다. 문제가 생기면 내가 다 책임지마, 그러니 걱정하지 말고 나를 따라오너라."

선생의 설득에 감화된 그 청년은 결국 풀무원 농장에서 한 식구로 살며 많은 우여곡절 끝에 새사람이 되어 가정도 꾸리고 열심히 살고 있다고 한다.

이웃 사랑에서 유기농업으로

원 선생이 유기농업을 하게 된 것도 이웃 사랑과 더불어 사는 삶에서 출발했다. 이웃을 사랑하는 입장에서 독이나 다름없는 농약을 이웃이 먹을 음식에 칠 수는 없는 노릇이다. 물론 선생이 처음부터 유기농업이라는 말을 알고서 한 것은 아니었다. 유기농업을 공식적으로 실천에 옮긴 것은 1976년 정농회(正農會)가 창립되면서부터라고 할 수 있지만, 관행농업이 정부에 의해 추진되던 시절 이전에는 유기농업이라고 할 것도 없이 대부분 전래대로 농사를 지어왔다. 선생도 농약과 화학비료가 유행할 때는 부분적으로 쓰기는 했지만, 유기농업의 의미를 알고서는 도저히 그것을 쓸 수가 없었다.

독실한 크리스천인 선생의 이웃 사랑에 대한 태도는 철저한 종교적인 관점에 서 있다.

"이웃을 사랑한다는 것은 결국 굶주리는 사람을 없애자는 것입니다. 굶주림을 없애는 것은 평화의 기본 바탕입니다. 그런데 굶주림을 없애는 일은 축재(蓄財)와는 전혀 다른 의미입니다. 주기도문에 보면 '오늘 일용할 양식을 주옵시고……' 라는 말씀이 나오지요. 이는 다르게 말하면 내일을 위해 쌓아놓지 말라는 뜻이 됩니다. 부자가 되지 말라는 말입니다. 그래서 부자가 천국 가기는 낙타가 바늘구멍을 통과하는 것보다 어려운 일이라 한 것입니다. 굶주림을 없애지 못하고 축재를 없애지 못한다면 절대 평화가 오질 않습니다.

굶주림을 없애는 데에는 농사가 기본이 되어야 합니다. 앞에서 바르게 살고 자립적으로 살기 위해선 농사를 지어야 한다는 말과 일맥상통하는 것입니다. 그러나 농사가 직업적인 것이 되어서 축재의 수단이 되면 그 목적을 이룰 수가 없습니다.

내가 내 손으로 먹고살 능력이 있고 또한 축재한 것이 없어서 도둑맞을 염려가 없는 것, 이것이야말로 평화의 바탕입니다. 오늘 우리 농장과 집에 들어올 때 알았겠지만 우리는 항상 문을 열어놓습니다. 왜냐, 훔쳐갈 게 없어요. 그런데다 먹을 걱정 없겠다, 그럼 마음이 항상 편할 수밖에 없어요. 이것이 평화이지요."

그럼 올바른 농사, 곧 정농(正農)은 왜 유기농업이어야 하는가.

그런데 사실 따지고 보면 농사를 정농이니 유기농이니 하면서 특이하게 이름 붙일 필요도 없다. 단지 농약에 의한 관행농업이 그야말로 조상 대대로 내려온 오랜 관행농업의 자리를 빼앗으면서 그렇게 된 것일 뿐이다.

평화를 위해서 올바른 농사, 곧 유기농업을 실천해야 한다는 말인데, 그러나 유기농업은 이런 깊은 의미뿐만 아니라 매우 현실적인 의미도 함께 갖고 있다.

화학비료의 기본 요소는 질소(N), 인산(P), 칼리(K)이다. 여기에다 좀더 보태면 규소나 석회 등 서너 가지를 섞기도 하는데, 그래서 많이 해봐야 화학비료는 일곱 가지 성분밖에 작물에 주지 못한다. 반면 퇴비 등 유기농업에서 사용하는 유기질 비료의 성분은 23가지나 된다고 한다. 이 중에서 작물이 빨아들일 수 있는 성분은 18가지가 되어, 화학비료로는 그것을 다 충족해주지 못하지만 유기질 비료는 오히려 남아돈다는 것이다.

"게다가 살아 있는 흙의 1그램에는 미생물이 1억 마리나 된다고 하죠. 성분도 성분이지만 이런 살아 있는 생명이 중요한 겁니다. 문제는 농약과 화학비료를 주면 그 생명이 다 죽는다는 데에 있습니다. 생명은 유용한 성분을 먹고사는 것만이 아니라 이런 살아 있는 생명을 먹을 때만이 살아 있는 생명이 되는 것입니다. 내가 이 나이에 이렇게 건강한 것도 다 그런 이치 때문이지요."

그러나 유기농업이란 단순히 농약과 화학비료를 쓰지 않고 유기질비료를 쓰는 것이라고만 할 수는 없다. 유기비료의 원재료가 외부에서 농약으로 키워진 것이라면 그야말로 말로만의 유기농업일 뿐이다. 유기농업이란 그 땅에서 필요한 모든 것이 순환하는 관계를 가질 때 참된 것일 수 있다. 그래서 유기농업은 더 근본적으로는 공생과 순환 그리고 생명의 사상을 내재하게 되는데, 그 때문에 유기농업은 더불어 사는 삶으로 자연스럽게 이어지게 된다.

무에서 유를 창조하는 공동체 운동

선생에게 공동체 운동은 무에서 유를 만들어내는 창조적인 일이었다.

"우리 공동체 마을의 정신이라면 무에서 유를 창조하자는 것입니다. 우선 자기 스스로 노동을 해서 자립적으로 먹고살겠다는 정신을 창조하는 일입니다. 지금 사람들은 너도나도 상업주의에 물들어서 정직하게 자기 손으로 먹고살 생각들이 너무 부족합니다. 힘든 노동을 누가 하려 합니까. 걸핏하면 장사나 하려 하죠. 그래서 정직하게 돈 벌기보다 힘을 덜 들이고도 조금이라도 이윤이 남는 쪽으로 생각들을 하는 게 인지상정이 되어버렸어요. 우리 공동체 가족으로 살던 사람 중에는 아주 강직하기로 자자한 사람이 있었어요. 6 · 25 이후 미국의 지원으로 먹고살던 시절에 땅을 개간하면 지원금이 나오던 때가 있었는데, 1천 평 개간하려던 그 사람에게 주변 사람들이 3천 평 개간한다고 뻥 튀겨서 많이 지원금을 받으라고 했답니다. 그러나 그 사람은 아주 단호했습니다. '나는 그렇게 구차하게 살고 싶지 않다, 얼마든지 내 손으로 해서 살 수가 있다'는 것이었죠. 나는 그런 사람이야말로 무에서 유를 창조할 수 있는 정신력이 매우 강한 사람이라고 봅니다.

다음으로는 일할 능력이 없는 무에서 유를 창조하는 일입니다. 이는 옛날말로 '새경 없는 머슴살이 3년이면 못하는 일이 없다'는 말과 같습니다. 요즘 대학 나온 사람들 보면 낫질, 호미질 제대로 하는 사람이 없어요. 비싼 돈 들여 대학 나와서 뭐하나 싶어요. 이게 우리 교육의 현실입니다.

그 다음으로는 일할 기술과 독립할 자본이 없는 무에서 유를 창조하는 일입니다. 오래 전에 우리 공동체에서 나환자 미감아들을 받아들인 적이 있었어요. 나환자 미감아란 나환자 부모를 둔 감염이 안 된 자녀들을 말하는데, 이 아이들이 갈 데가 없어 옛날에는 어쩔 수 없이 부모와 함께 수용소에 살고들 있었는데 박정희 정권 때 다 쫓아냈어요. 그렇다고 그들을 받아줄 데가 어디 있겠습니까. 그 소식을 듣고 우리 공동체에서 그들을 받아들인 겁니다. 괜히 나환자 자녀라고 선입견을 가져서 그렇지 그게 쉽게 전염되는 게 아니거든요. 그들과 똑같이 밥 먹고 생활해도 아무 문제가 없었어요. 그러고는 그들에게 주로 젖소 낙농일을 시켰죠. 그때만 해도 낙농일 할 줄 아는 손이 귀해서 젖 짜는 일만 할 줄 알아도 여기저기서 데리고 갔지요. 그런데다 이곳에서 아무 탈 없이 살아 병이 없다는 게 증명이 되었으니 별 문제가 없었죠.

그렇게 취직하면 보통 한 달에 백만 원은 받을 수 있었습니다. 잘 절약하면 번 돈의 반은 저축할 수가 있는 돈이지요. 그럼 1년에 한 마리 정도는 살 돈을 모을 수 있으니, 6년 정도 해서 낙농가로 독립할 수 있게 되는 것입니다. 이런 식으로 나환자 미감아라는 낙인에서도 벗어나고, 기술과 자본이 없는 무에서 유를 창조하여 스스로 자립할 수 있는 기반을 만들 수 있게 된 것입니다.”

구체적인 대책을 갖고 귀농해야

귀농은 또 다른 돈벌이의 대상이 되어서는 안 된다. 우리는 얼마 전 IMF 귀농자들이 대부분 다시 탈농했다는 씁쓸한 얘기를 들어야만 했다. 경제적인 목적으로 귀농한다면 차라리 도시에 그대로 남아 있는 게 훨씬 현실적일 수 있다.

반대로 귀농은 감상의 대상이어서도 안 된다. 우리 농촌의 현실은 결코 낭만의 대상일 수 없다. 잘못하면 감상적으로 들어갔다가 눈물만 흘리고 나오게 되는 것이 우리 농촌의 현실이기도 하다.

"귀농 또한 구체적인 삶의 현실입니다. 정부나 여타 귀농 지도기관에서 혹시라도 귀농자들을 들뜨게 해서는 안 됩니다. 우선, 줄곧 말했듯이 자립할 수 있는 기반부터 만들어야 합니다. 그를 위해서는 먼저 주곡 농사를 지어야 합니다. 식량만 마련되면 일단 안심할 수가 있거든요. 옷이나 집 문제는 그 다음입니다. 옷은 걸칠 수 있는 것이면 되고 집은 비 막고 등 따스우면 되는 겁니다. 지금은 다들 쌀과 밥을 무시하고 살지만, 6·25 때처럼 도시인들이 시골에 와서 쌀 좀 달라고 할 때가 또 옵니다. 굶주리는 북한 동포 얘기가 결코 남의 일이 아니라는 것을 알아야 합니다.

농촌에서도 돈은 필요한 것이라 벌기는 벌어야 하는데, 그것은 축산과 같이 자금 회전이 빠른 부업으로 해결하면 얼마든지 가능할 수가 있어요. 그렇게 해서 앞에서 말했듯이 새경 없는 머슴살이 살 각오로 한다면 불가능할 게 없어요. 그러나 축산도 대규모의 상업적인 목적으로 해서는 안 됩니다. 또 요즘 유행하는 대량의 시설 채소작물이나 특용작물도 가급적 피하는 게 좋습니다. 언제나 가격폭락이라는 위험이 도사리고 있어 거의 투기나 다름없는 일입니다. 또한 그런 상업적인 목적의 농사는 환경을 오염시키는 주범이 되고 맙니다. 설사 성공한다 해도 그게 제대로 된 농사일 수 없지요. 언론들도 이런 농사만을 선전하는 일을 중단해야 합니다. 나라 망치는 일이에요.

어쨌든 농사에 대해 올바른 자세와 정신을 정립했다면 우리는 크게 두 가지 문제를 하나씩 해결해나가야 합니다. 하나는 양적인 문제의 해결이고, 다른 하나는 질적인 문제의 해결입니다.

농사는 역시 사람들의 먹거리를 해결해주는 게 일차적인 과제입니다. 농사란 기본적으로 자립을 목표로 하지만 그렇다고 자기 먹을 것만 짓는다면 올바른 농부라 할 수 없지요. 그래서 나는 유기농업도 다수확을 해야 한다고 봅니다. 내가 실험을 해보았는데 유기농업을 과학화하면 얼마든지 양적인 문제도 가능하다고 봅니다.

예를 들면, 감자 같은 경우 내 경험으로 볼 때 크게 네 배까지 증산이 가능합니다. 감자는 뿌리 작물이지요. 때문에 잎사귀를 크게 키워주는 질소 비료를 적게 주고 인산과 칼리를 많이 주면 뿌리를 많이 내리고 줄기 마디는 짧지만 굵어집니다. 그래서 키는 반밖에 되지 않아도 알의 수가 배나 많아지고 또 알 크기도 배나 커집니다. 벼와 같은 화본 과도 이런 유기농의 과학화가 가능합니다. 가을에 태풍이 몰아치면 벼들이 엄청 쓰러지죠. 그게 다 질소 비료를 많이 줘서 그런 거예요. 무조건 위로 솟구치게 키우려는 인간의 욕심인 겁니다. 그러나 이것도 유기농을 과학화하면 충분히 해결 가능합니다. 정농회에서 벼농사에 쓰라고 보급하고 있는 C.P.K라는 것도 인산, 칼리가 주성분입니다.

다음으로 해결할 것은 당연한 것이지만 안전한 먹거리를 생산하는 것입니다. 이는 유기농업의 지상과제이지요."

보통 유기농업이라고 하면 수확량이 적다는 평가를 하곤 하지만 사실 원래부터 유기농업이 그런 것은 아니다. 전통농업이 관행농업에 밀려난 이유도 사실 이런 양적인 문제 때문인데, 앞으로도 그 문제를 해결하지 못한다면 유기농업은 계속 열세를 면하기 힘들지 모른다. 그렇다고 양적 해결이 절대 불가능한 것도 아니다. 사실 관행농업이 양적인 면에서 농업 혁명을 이루기는 했지만, 따지고 보면 오랜 역사 동안 조상들로부터 살아 있는 땅을 물려받았기에 가능한 것이었다. 하지만 이제 농약과 화학비료에 의해 땅이 죽어 더 이상 증산이 안 된다는 점을 알아야 한다. 바로 여기에 유기농업의 가능성이 있는 것이다.

'벼 박사'로 통하는 벌교의 강대인 선생 같은 경우는 이미 한 마지기(3백 평)에 4백 킬로그램 생산하는 관행농보다 많은 7백 킬로그램을 생산하고 있는 것에서 충분히 그 가능성을 엿볼 수 있다.

이는 바로 땅이 살아 있기 때문에 가능한 것이다. 물론 농약과 비료에 의해 땅이 다 죽었기 때문에 다시 땅을 살리는 기간이 투자되는 것은 사실이다. 그렇기 때문에 원 선생 말처럼 처음부터 이런 욕심으로 농사를 짓지 말고 우선 자립을 목표로 해서 차츰 농사를 익혀나가다 보면 정성과 노력에 의해 절로 이루어지는 일일 것이다.

짧은 대화의 시간 동안 우리는 선생으로부터 많은 얘기를 들을 수 있었다. 좀더 욕심을 낸다면 말없이 웃음으로 자리를 함께 한 사모님의 말씀을 듣고 싶었지만 훗날을 기약하는 수밖에 없었다. 그런 우리 마음을 읽었는지 선생은 지팡이를 짚고 마중 나오는 사모님의 얘기를 마지

막으로 들려주었다.

"지팡이 짚고 꼬부랑 할머니가 된 집사람을 보면 괜히 미안한 생각이 들곤 합니다. 나이를 더 먹었으면서도 멀쩡한 나를 보고는 집사람을 대개 고생시켰나보다 할까봐 얄궂은 생각이 들기도 하지요. 하지만 평생 공동체 식구들을 먹여 살리고 안 살림을 꾸려가느라 나보다 마음 고생, 몸 고생을 더한 것은 사실이죠."

그렇지만 그 몸으로도 아직 일을 손에서 떼지 않는다는 말을 듣고는 숙연한 마음보다는 은근히 희망적인 기대가 들기도 했다. 인생의 황혼기임에도 꿋꿋하게 인생을 살고 있는 노인들이 많다면 분명히 그 사회는 상당히 희망에 차 있을 것이다. 불편한 몸에도 만면에 밝은 웃음을 가득 머금고 배웅을 하는 사모님과 선생님의 얼굴에서 우리는 그런 희망을 분명히 얻을 수 있었던 것 같았다.

세상에서 가장 귀한 일은 농사 짓는 것이다

—정농회 고문 오재길 선생

농약도 비료도 치지 않는 멍청한 농사꾼들의 모임, 정농회. 이 모임의 선두에 서서 14년간이나 이끌어온 최고의 고집쟁이, 오재길 선생(82세)을 아는가.

새천년이 시작되었다고 세상이 술렁였다. 인류는 의식의 속도를 훌쩍 뛰어넘는 기술환경에 적응하느라 숨가쁘게 달리고 있다. 왜 달리는지, 누구를 위한 것인지 살펴볼 겨를조차 없이 주위 사람과 발맞추어 냅다 달리고만 있다. '많이많이, 빨리빨리, 그리고 편리하게……'

이런 와중에 자연과 대화하며 대지의 노래에 장단 맞추어 천천히 살아가는 별난 사람들이 있다. 그들의 손은 거칠어지고 얼굴은 그을렸지만, 당당하다. 손으로 풀을 뽑고 수고로이 가족과 이웃에게 일용할 양식을 거두며 자신의 땀과 정성을 돈으로 셈하는 데 서툰 그들은 작은 것이 아름답다 한다.

한국 유기농업의 산실, 정농회

농사를 짓는 사람이라면, 유기농업에 관심을 기울인 사람이라면 누구라도 '정농회(正農會)'에 대해 듣게 되지만, 기독신앙을 모태로 하여 유기농업을 실천하는 농부들의 모임이라는 설명만으로는 어떤 모임인지 정확히 알기가 쉽지 않다. 우선 선생에게 정농회의 탄생과 성장 과정을 여쭤어 보았더니, 빙그레 웃으며 다음과 같이 말씀해주셨다.

"제가 농사를 시작한 지 12년째가 되던 해였어요. 1975년 9월에 토끼 축사를 개조해서 만든 풀무원 농장의 강의실에서 기독신앙을 가진 농민 30여 명이 모였지요. 원경선 선생이 주선한 모임의 강사는 일본 애농회(愛農會)를 창시한 고다니 주니치(小谷純一) 선생이었어요. 교토대 농학과를 졸업한 고다니 선생은 패전 후 일본이 극심한 식량난을 겪자 식량증산, 농민운동이 가장 시급한 문제라고 인식하여 하느님, 땅, 인간 사랑을 위한 애농운동에 나선 분이었어요. 강의에 앞서 경기도와 충청도 지역의 논을 돌아본 고다니 선생은 일본의 농업을 그대로 뒤쫓고 있는 한국 농업에 대해 심각한 우려를 표했습니다.

비료와 농약을 많이 쓰는 관행농법의 결과로 일본에서는 인체에 농약이 축적되어 암환자가 급증하고 기형아가 태어나는 생명파괴 현상이 일어나고 있는 실정이라고 하셨습니다. 과거 일본이 저지른 죄에 대한 참회의 심정으로 한국을 방문하였으니, 자신의 증언을 듣고 한국 농업은 간접살인 행위인 화학농법을 지금 당장 유기, 자연농법으로 바꾸어 일본의 전철을 밟지 않기를 간절하게 호소하셨어요. 모르고 사용하였더라도 농약과 비료를 사용한 농부는 국민에 대해, 내 이웃에 대해, 내 후손에 대해 죄를 저질렀다는 점에서 큰 책임이 있다는 것이지요."

지금까지 자신들이 해온 농사가 간접살인이었다는 충격적인 내용을 접한 농민들은 겨울 동안 각자 자기 반성을 하고 새로운 길을 찾기로 했다. 4개월 후인 1976년 1월, 다시 고다니 선생의 말씀을 청하고 깊은 회개와 기도로 정농회를 결성했다. 성경의 가르침을 정관으로 삼으며 화학농법을 전면 배제하기로 결의하고 초대 회장으로 오재길 선생을 선출했다.

원경선, 오재길 선생을 비롯한 30여 명은 신앙적 양심을 돛대 삼아 호미자루를 모아 배를 띄우는 심정으로 바른 농사의 결단을 내렸으나, 어떻게 하느냐 하는 농사기술에 대한 정보는 전무한 상태였다. 고다니 선생도 화학농법의 피해 사례를 들며 경고는 주었지만 구체적인 실천 방법까지는 언급이 없었다.

이 무렵 오 선생의 경우 심어놓은 사과나무가 10년쯤 수령이 되어 본격적으로 수확을 거둘 시기가 되었는데, 일시에 농약과 비료를 끊어버리고 무방비 상태로 두니 없던 벌레까지 달라붙어 못 쓰게 되고 말았다. 병든 나무를 모조리 베어 교회의 땔감으로 써버리고는 그 길로 유기농업 기술을 배우고 보급하기 위해 전국을 누비기 시작했다. 어렵사리 알아본 바로는 전남 구례에서 유기 벼농사를 하는 고재익 씨와 채소와 딸기를 재배하는 강재봉 목사 정도가 유기농업을 할 뿐 전 국토가 농약과 비료에 찌들어가고 있었다.

"여러모로 미흡한 내가 초대 회장직을 맡고서는 어찌 헤쳐 나갈 것인가 고민할 때, '무릇 맡은 자에게 구할 것은 충성이니라', '우리가 이 보배를 질그릇에 가졌으니 이는 능력의 심히 큰 것이 하느님께 있고 우리에게 있지 아니함을 알게 하려 함이라'는 성경 말씀에 힘을 얻어 정농회를 섬기게 되었지요."

오 선생은 돈도 권력도 주어지지 않는 정농회 회장직을 맡아 전국의 회원들을 방문하여 독려하고, 고민거리를 함께 의논하고, 앞선 농업 선진국의 유기농업 기술을 연구하고 배우느라 국내외를 쉴새없이 뛰어다녔다. 이를 회원들에게 전한 것이 인생의 가장 큰 보람이었다고 한다. 불모지였던 한국에 유기농업 기술을 실험하고 전파하는 씨앗이 된 것이다.

오재길 선생 다음으로 오영환, 김준혁, 김복관, 정상묵 회장님이 정농회를 대표하는데, 여전히 정농회장의 자격은 반드시 농사를 짓는 사람이어야 하고 그것도 바른 농사를 모범적으로 실천하고 있어야 한다는 것이 불문율로 되어 있다.

정농회 겨울 정기 연수회에 어떤 강사를 모실 것인가부터 회보 발간, 1980년대 중반에는 도농 직거래 운동으로 정농생협을 세우는 것까지 모두 오롯이 선생이 감당할 몫이었다. 실제로 정농회는 1981년 6월 회보 제2호에 제초제 속에 든 다이옥신이 방사성 물질처럼 긴 반감기를 가진 독성 물질로서 인류가 개발한 화학제품 중 가장 유해한 것임을 농민단체로서는 처음으로 소개하였고, 원자력발전 등 사회적으로 책임이 있는 재해에 대한 문제점을 농림부에 제시한 바 있다. 흙 속에, 비바

선생은 아주 철저한 원칙주의자로 유명하다. 마흔이 넘은 불혹의 나이에 잘 나가던 직장을 그만
두고 돌연 귀농을 결행할 수 있었던 힘, 기술도 지식도 아무것도 준비된 것 없었던 정농회를 창립
때부터 14년간 이끌어온 힘은 바로 선생의 투철한 철학과 확고한 믿음에서 나왔다. 그런 정열 때
문인가. 선생의 얼굴과 몸짓에선 도저히 팔순 넘은 노인이라는 것을 느끼지 못한다. 그러나 처음
선생의 미소를 접하는 사람은 도저히 선생에게서 원칙주의자가 늘상 갖게 마련인 엄한 모습을 느
끼지 못한다. 형식적인 권위주의조차 선생에겐 철저히 밀리해야 할 대상일 터이다.

람 속에 묻혀 사는 농부들이 최고의 지성이라 자부하는 사람들조차 착안하지 못하는 미래의 문제까지 일목요연하게 제시하고, 수많은 종교인들이 지지 않는 십자가를 스스로 지고자 하였던 것이다.

"세상의 하고많은 사람 중에 왜 농민인지, 세상의 하고많은 신앙인 중에 왜 크리스천 농민인지, 무엇을 위한 하느님의 섭리인지 생각해보았지요. 단순히 농사만을 바꾸자는 것은 아닙니다. 가만히 살펴보면 농사는 과학, 철학, 역사, 환경, 건강, 신앙 그 어느 것과 연관 안 되는 것이 없는 삶의 기본이라 할 수 있어요. 그렇다면 시야를 넓혀 한국과 인류의 전반적인 문제가 어느 방향인가를 찾아야 하는 거지요."

이런 정농회가 처음부터 호응을 얻은 것은 아니었다. 1970년대 공업 우선의 근대화와 식량증산의 국가적 대세를 거스르는 정농회의 모임이 열리기만 하면 사찰요원이 감시를 하고 참가자의 명단을 조사했다. 또 농민의 권리를 찾자는 운동이 한창일 때, 농민단체들 사이에서 정농회는 농민의 권익을 외면한다는 비난의 대상이 되기도 했다. "정농회는 어느 부분적인 데를 겨냥하지 않아요. 농민의 소원이 쌀값 더 받기에 그칠 수는 없습니다. 한국 농민에게 물어봅시다. 우리에게 한국 농민으로서 가져야 할 역사의식이 있는가, 있다면 그것은 무엇인가, 또 무엇이어야 하는가."

1976년 창립 이후 해마다 1월이면 전국 각지의 정농회원이 모여 왜 농사를 지어야 하며 어떤 농사를 지어야 하는지, 함께 지혜를 모으고 기도하는 모임을 갖고 있다. 1987년 정농회는 회원들이 생산한 농산물을 유통하기 위해 서울 강동구 성내동에 농산물 유통센터를 개설하였고, 1990년 12월 경실련과 합작하여 '경실련 정농 생활협동조합'을 만들어 운영 중이다. 정농회가 안전한 농산물의 생산을, 시민운동단체인 경실련이 유통업무를 맡기로 하고 시작한 생협은 소비자가 깨어나 유기농산물의 유통과 소비를 책임지고 나아가야 한국 농업이 신속하게 유기농업으로 전환할 수 있다는 인식에서 출발한 것이다. 누가 무엇을 생산해서 누구에게 얼마에 넘겨주는가에 있지 않고, 인간관계를 개선하고 인간다운 공동체 현장으로 구조적 전환을 하는 것이 문제의 핵심인 것이다.

3대 가난, 3대 무식을 각오한 귀농

잠시 선생이 만든 에코뉴(econew) 효소로 목을 축이며, 무엇이 당신을 그렇게 투철한 신앙과 농사에 몸을 던지게 하였는지 인생역정을 물어보았다. "나, 젊었을 적부터 엄청 유랑한 사람이라오. 옮겨 적자면 지도를 그려야 할 거요."

바른 농사를 하고자 하는 곳이라면 삼천리 방방곡곡 다니지 않은 곳이 없다는 말을 따라 지도를 그려본다. 선생은 1920년 8월 14일, 제주도 부근 추자도에서 태어났다. 산비탈을 일군 척박한 밭농사와 멸치잡이로 생계를 유지하는 가난한 섬마을이었다. 초등학교를 마치고 학교 사환일을 보며 농사를 돕던 중 교회 주일학교를 이끌었던 전도사님의 편지 한 통이 새로운 꿈을 펼치는 계기가 되었다. 평양 산정현 교회에서 시무하던 전도사님의 배려로 섬 소년은 평양 고등법원의 정정(廷丁)으로 일하며, 당시 우리나라 기독교계의 기둥 역할을 하던 산정현 교회에서 신앙을 키우게 된다. 신사참배를 거부하다 옥사한 주기철 목사를 비롯하여 채정민 목사, 조만식 장로, 장기려 선생, 함석헌 선생 등 평생의 정신적 지주가 된 분들을 모두 이곳에서 뵙게 되었다.

1939년에는 병원의 사환으로 일하면서 틈틈이 공부도 하여 평안도에서 시행하는 약종상 시험에 최연소자로 합격했다. 두 명밖에 합격자가 없었는데, 얼마나 열심히 준비를 했던지 시험지에 모르는 문제가 없었을 정도란다. 장사는 날로 탄탄해졌지만, 일제 말기의 어수선한 시국과 징용을 피해 중국 산둥성(山童省)으로 떠났고, 1944년 평양으로 돌아왔디가 다시 원산으로 피신했다. 이 무렵 추자도에서부터 인연이 깊었던 전도사님의 따님과 혼인했다.

해방을 맞아 평양에서 약종상을 경영하며 산정현 교회의 청년부원으로 신앙을 키우던 선생은 남자로서 일생을 장사로 끝낼 수 없다는 결단을 내려 성업 중이던 약종상을 접고, 1947년 5월에 가족과 함께 서울로 남하했다. 이즈음 산정현 교회에 우연히 들른 함석헌 선생의 강연에서 "나는 빚진 사람이다. 하느님께서 그 빚을 갚으라 하여 여러분 앞에 섰다"라는 말씀이 자꾸만 되살아났다. 우리 모두는 하느님 앞에 빚진 자가 아닌가. 이때부터 함 선생의 가르침을 따르게 되었다.

부산 피난 시절에는 장기려 박사를 도와 부산 복음병원에서 약국 업무와 원무책임자로 2년을 근무하다가 다시 서울로 이주했다. 함 선생의 강의 중 "세상에서 가장 귀한 일은 농사 짓는 것이다"라는 말을 듣고 새로운 인생길을 농부로 살기로 결심하게 된 것이다. 그러나 전후의 어려운 살림살이로는 농지와 영농자금을 마련할 길이 없음은 물론이고, 불혹의 나이를 넘겨 농사를 감당할 단단한 체력이나 농사기술도 전무한 상태였다.

"류영모 선생께 이제 농사 지으러 가렵니다 했더니, '3대 가난, 3대 무식을 각오하고 있소?' 물으셨어요. 세속적 욕심을 가지고는 농사 지을 수 없다 하셨습니다."

1960년 4 · 19 혁명의 혼란을 지켜본 선생은 함 선생의 강의를 함께 들었던 동료 예닐곱 명과 함께 귀농을 결심하였다. 1961년 선생은 친지의 돈을 빌려 동두천 지행리로 농사 지으러 갔으나, 1년 후 빚을 갚기 위하여 처분하고 서울 번동으로 옮겨 2년간 농사를 지었다. 이런 모습을 보고 선생을 아끼던 주위 분들은 애달픈 농사와 생활고를 안타까이 여겨서 아무런 조건 없이 돈을 모아 2만여 평의 땅을 사주었고, 선생 역시 아무것도 묻지 않은 채 농사를 지으러 들어간 곳이 바로 지금의 천보농리원이다.

천보산 아래 잡목이 우거진 야산을 삽자루가 부러지도록 개간하여 밭을 일구어 수박, 참외 등을 심고, 정부에서 대여받은 소 한 마리가 스무 마리가 될 때까지 낙농을 했다. 10년 후 소를 팔아 땅값 일부를 갚고, 1992년 땅을 팔아 나머지를 갚았다 한다. 땅값을 갚는 데 30년이 걸린 셈이다. 농업 책을 교과서 삼아 책에 적힌 그대로 밭에 옮겨보고, 동네 어른의 조언을 거름 삼아 농장을 일군 지 4년이 되던 해, 선생은 아끼던 막내아들을 잃는 큰 아픔을 겪게 된다. 서투른 농사일에 경황이 없어 제대로 치료를 하지 못한 탓이어서 부모로서의 자책과 농사에 대한 회의가 이만저만이 아니었다.

"40년 농사를 지으면서 그때가 가장 힘들었어요. 아들까지 잃어가며 계속 농사와 씨름해야 하는 건지, 여태껏 안사람 보기에 면목이 없지요. 그러나 천보농장을 일구기 시작할 때 이해관계를 생각지 않고 땅을 사준 분들에 대해 어떻게 하느냐 자문했고, 10년 세월을 견디어보면 하느님께서 내게 무엇인가 할 일을 마련해주실 것이라고 생각을 했어요. 그렇게 견딘 지 12년이 되던 1976년에 정농회를 만나게 된 것이지요."

선생은 원리원칙대로 농사짓는 것으로 유명하다. 모종의 간격이며 구덩이 깊이, 퇴비의 양을 자로 잰 듯 정확하게 하니, 거드는 사람도 편하자고 잔꾀를 부릴 재간이 없다. 그렇게 정성을 다하니 천보농장의 밭에서 나온 수박, 토마토, 당근, 잡곡들이 알차고 맛날 수밖에……

"심은 대로 거두는 것 아니겠소. 산정현 교회의 채정민 목사께서는 '머리카락만큼의 미미한 차이라도 마지막 결과에 가서는 천리만큼의 차이가 난다(一毛之差千里之違)'고 하셨소. 농사를 할 때 어떤 생각을 가지고 시작하느냐, 환경농법, 유기농법을 해도 무슨 생각을 갖고 하느냐가 중요합니다." 당연하지만 무서운 말이다.

"농약문제만 해도 그래요. 허용기준치 1그램을 넘지 않는다고 안전한 겁니까? 기준치 이하의 1그램도 사용하지 않아야 합니다. 허용기준치라는 것은 기업적인 측면, 경제적인 측면을 고려하여 어떻게 하면 이윤을 최대한으로 하느냐 하는 구상에서 생기는 것입니다. 농약이 인체에 어떤 영향을 주는지 연구할 때, 직접 인체에 할 수 없으니 쥐의 몸무게를 물량적으로 계산해서 이만한 양이면 인체에 별 지장이 없다 해서 인체 허용치를 정합니다. 사람의 목숨을 쥐와 비교하다니오. 물량적으로, 중량적으로 계산할 성질이 아닙니다. 쥐에게 해롭지 않은 것이 사람에게 해로울 수 있고 그와 반대의 경우도 있을 것이며, 복합적으로 여러 물질이 인체에 투입될 때의 상승효과는 예측할 수 없습니다.

1988년 전남 신안군 하의면 신도리에 괴질이 발생하여 주민과 소가 죽었다고 신문에 났는데요. 역학조사 결과 신도리 우물물에서 제초제 크라목손의 성분 파라코트가 나왔어요. 토양에 뿌린 제초제 성분이 땅속으로 스며들어 사람에게 들어가고 소에게 들어간 것인데, 이 사실까지는 언론에 보도되지 않았습니다. 방사능은 더 큰 문제예요. 1986년 구(舊)소련 체르노빌 원전사고 이후 터키에서 생산된 토마토 케첩을 어느 나라에서도 손대지 않는데 우리나라 상인들이 수입해왔고, 그 토마토 케첩을 우리 국민들이 모두 먹어치웠다는 겁니다. 분유회사에서도 방사능 오염의 우려가 있는 지역의 우유를 들여와 우리 아기들에게 먹였단 말입니다. 그런 것은 광고를 하지 않습디다."

"밭에서는 신발을 벗는 거야." 농사를 묻는 이에게 선생이 맨 먼저 들려주는 농사법의 기본이다. 1975년 처음으로 일본을 방문하였을 때 애농학교의 시키야마 신타로 선생이 씨앗을 뿌리기 전에 기도하는 모습을 보고 깊은 감명을 받고부터, 선생은 정농회를 시작하면서 밭에서 신을 벗었다. 생명을 가꾸는 거룩한 성업(聖業)을 일구는 농부는 대지와 자연의 섭리에 기도로 순응하여야 한다는 것이다. 일례로, 선생은 수박순을 유인할 때 뿌리가 다치지 않도록 무릎 꿇고 엎드려 손을 뻗는다. 수박에 절을 많이 해야 맛있는 수박을 먹을 수 있다는 것이다.

박남해 사모님께 여쭈어본 오 선생은 못 말리는 고집쟁이 농부이다. 모든 일을 기도와 노력으로 준비하고, 일단 결심이 서면 일사천리로 진행하기 때문이다. 약종상을 그만둘 때나, 농사를 시작할 때도 그랬고, 정농회를 만든 것도 마찬가지이다. 여건이 조성되어 시작하는 것이 아니라 본인이 스스로 덤불을 헤쳐 길을 만든다.

　"사람이 일만 하면 소가 되고, 공부만 하면 도깨비가 된다"면서 새벽부터 달밤까지 일과 책에 매달렸고 지금도 여전하다. 농사와 가정생활 모두 꼼꼼하게 챙기는 엄부여서, "아버지 오신다" 하면 쉬고 있던 식구들이 쏜살같이 책상으로, 밭으로 원 위치하곤 했단다. 아쉬운 점은 늘 공부하라던 말을 흘려 오 선생은 강연에 번역에 바쁜데 자신은 범부가 되었으니, 똑같은 학력인데도 자기 노력에 따라 이리 차이가 나는 것이라 한다.

　일찍이 과학영농을 시작한 선생의 농산물이 튼실했던 것은 물론이고, 유기물뿐 아니라 무기물도 흡수하는 미생물 배양체 '천보 1호'를 만들어 보급하고 있다. 칠순을 훌쩍 넘긴 1992년 에코뉴 효소를 만들기 시작하여, 1995년에는 효소공장을 지었다. 장시간 대화 중에 들려주는 적절한 성경 구절과 사건, 사례는 미처 다 옮기지 못할 정도로 풍부했고, 더욱이 정확한 날짜와 시간, 관련된 인물의 이름까지 기억하는 데에는 놀랄 지경이었다.

정농 · 정식 · 정생의 길

천보산 너머 해가 떨어지려 하니, 요기를 하고 가란다. 정갈한 밥상을 마주하고 활력 있는 선생의 건강비결이 궁금해졌다.

"사람은 누구나 자기 밥그릇을 타고 난다오. 50년에 걸쳐 채울 밥그릇에 이것저것 마구 넣어 30년 만에 채워버리면 안 되니 적게 먹는 것이 좋겠지요. 그리고 기술이 발전할수록 가장 자연에 가까워지는 것처럼, 자연 속에 살았던 선조들의 생활방식을 따르는 것이 가장 앞선 건강비결일 거요. 황토집이나 현미식, 무농약 농사도 다 같은 맥락이지요"라며 자상한 설명을 곁들인다. 고구마는 쪄먹으면 산성 음식이지만, 솥에 돌을 깔고 구워 먹으면 알칼리성으로 변한단다. 정농회에서는 축산을 장려하지 않는데, 이는 축산물을 섭취할 때 곡물이 최소 8, 9배가 더 소비되며 사료가 수입되는 과정에 처리된 약품이나 성장호르몬제가 인체 내에 축적될 수 있기 때문이다. 고기 먹고 기운을 차려야 할 만큼 허한 사람이 요즘 몇이나 있는지 모르지만, 곡채식하는 농부 중에 밭을 갈다 쓰러진 사람 하나도 없다며 웃음을 짓는다.

함께 일하는 황신재, 문찬영 씨는 팔순의 오 선생을 한 번도 노인이라고 느낀 적이 없다 한다. 밭일을 해도 훨씬 앞서고, 길을 나서도 모시고 가기보다는 쫓아갈 지경이고, 짐을 들어도 무거우니 받아드려야겠다는 생각을 못 할 정도란다. 대화 중에도 상대방의 나이 고하를 막론하고 존대하며, 의견을 존중하여 수렴한다. 고집이나 강요가 없으시고, 자신의 실수를 백 퍼센트 인정하는 의외의 노병이다.

생명이 움트는 새봄, 선생의 몸과 마음이 더욱 분주해지고 있다. 처음 농사를 시작할 때 누군가의 도움이 있었음에 감사하는 마음으로 40년의 노력 끝에 차곡차곡 일군 소중한 경험과 경제적 결실을 사회에 환원하고자 준비 중이기 때문이다.

벗은 발로 무릎 꿇고 일군 천보농장은 얼마 후면 도시계획에 밀려 사라진다. 그러나 선생의 쟁기질은 여기서 멈추지 않는다. 간디의 톨스토이 농장과 같은 곳. 밑천 없이, 기술 없이, 단련 없이 농업을 붙잡고 신고(辛苦)스러웠던 자신의 전철을 따르지 않도록 일터와 배움터를 겸비한 곳을 세우고자 한다.

성경을 바탕으로 신앙을 키우고, 동서고금의 지혜를 배워 인격이 영그는 곳, 친환경농업을 실천하고 기술을 연마할 수 있는 곳, 개별 영농과 공동의 이익을 조화시킬 수 있는 곳, 아프고 지친 자가 쉴 수 있는 곳이다. 이곳에서 연마된 젊은이들이 한국 농촌 곳곳에 뿌리내리고 상호 협력하여 지역의 뿌리가 되도록 하는 것이 선생의 오랜 염원이다. 선생께는 이루어야 할 꿈과 실현을 위한 준비가 힘의 원동력이 되고 있다.

성경과 신앙을 강조하는 정농회의 분위기에 적응하지 못하는 사람도 있으면 어쩌나 싶었다.

"성경에는 인간이 살아가면서 겪을 수 있는 모든 일들이 적혀 있어요. 원인에서 결과까지 말이지요. 그 속에서 해답을 찾을 수 있기 때문에 성경을 붙들고 씨름하는 것이지요."

새벽 4시에 일어나 성경을 펼치고 기도로 하루를 시작하는 선생이지만 농부이기보다, 신앙인이기보다 먼저 참된 인간이 되기를 기도한다.

"정농(正農), 정식(正食), 정생(正生), 바르게 농사 짓고, 바르게 농사 지은 온전한 농산물로 음식을 만들어 먹음으로써 건강한 몸과 맑은 영혼을 지니고, 올바르게 살아가는 사람이 정농인이라 생각합니다."

정농회는 소수이다. 그 속에 하느님이 인정하는 소수가 있는가. 진리와 더불어 함께 가고 있는가. 26년 전 초라한 공간에 모인 무명의 농부들이 호미를 모아 배를 만들었다. 폭풍우 몰아치는 험난한 바다에서 배를 다루는 기술도 모르고 장비 하나 변변히 없었지만, 한마음 한뜻으로 힘을 모았다. 근대화에서 현대화로, 과학화에다 첨단화, 세계화로 숨가쁘게 몰아치는 구호 속에서 정농회는 고요하게 속삭이는 전능자와 자연의 음성을 들으려고 노력해왔다.

정농회는 가입을 권유하지도, 탈퇴를 말리지도 않는다. 다만 왜 바른 농사를 해야 하는지 일러줄 뿐이다. 생명의 밭을 일구는 농부로서 십자가를 스스로 지는 것이다. 정농회원들은 자신의 신앙과 양심에 따라 올바르게 농사를 짓는 것이 무엇보다 중요한 일이므로 조직을 확대하거나 자신의 존재를 세상에 알리는 일에는 무관심하다. 회장 이하 모든 임원들이 제각기 일정 규모의 농사를 짓고 있는 5백여 명의 회원수로는 수만 명의 회원을 가진 다른 농민단체보다 수적인 면에서 보잘것없을지도 모른다. 그러나 어떤 인증서보다도 정농회원이라 하면, 정농회원이 생산한 농산물이라 하면 확실한 신뢰를 받고 있는 실정이다.

정농회는 뿌리가 되신 원경선, 오재길, 김종북, 백만재, 김기운, 오영환 선생으로부터 김성순, 김영원, 원웅두, 임락경, 김복관, 정상묵, 정상진, 강대인, 김준권, 정경식, 주형로, 정천근 선생이 가지가 되어 이

제 한국 유기농업의 푸르른 나무로, 울창한 숲으로 자라고 있다.

'눈길 걸어갈 제 함부로 발을 내딛지 말라, 그대의 발자국이 뒤따르는 이에게 길이 될지니.' 정농회와 오재길 선생이 남겨놓은 발자국, 모자람도 지나침도 없이 그 발자국만큼이라도 쫓아갈 수 있을는지…….

생명운동과 농민운동을 하나로 실천한 선구자

－경북 의성의 김영원 선생

효선리의 똥 푸는 부자

"옛날 우리 조상들은 재와 똥을 아주 귀하게 여겼습니다. 그래서 그 것을 함부로 버리는 사람에게 나라에선 벌을 주었지요. 재를 버리는 사람은 곤장 30대〔棄灰丈三十〕, 똥을 버리는 사람은 곤장 50대〔棄糞丈五十〕를 때리라고 했던 겁니다. 그 중에도 똥을 버린 자를 20대나 더 때리라고 한 걸 보면 재보다 똥을 더 귀하게 여겼던 것 같습니다. 하여튼 재와 똥은 농사 짓는 데 매우 요긴한 것들입니다. 재는 비료로 쓰이기도 하지만 똥을 삭히는 데에는 그만큼 유용한 것도 없습니다. 그래서 똥간을 잿간이라고도 했지요. 똥을 누고 나면 재를 한 번 죽 뿌려주어 악취도 제거하고 또 발효를 촉진시키는 데 썼던 겁니다.

그래서 나는 지금 사는 집을 새로 지을 때에도 흙으로 짓기도 했습니다만, 특히 난방과 화장실은 더 옛날 식으로 하려고 애썼습니다. 전통 구들 난방으로 재와 목초액을 받고 푸세식 화장실에선 똥을 받아 거름으로 쓰고 있지요."

경북 의성 효선리에 사는 김영원 선생(72세)은 맏아들 김정욱 씨(41세)와 함께 마을에서 똥 푸는 부자(父子)로 통한다. 지금은 이른바 관행 농법이라 하여 모두 농약과 화학비료로 농사를 짓기에 똥이 귀찮은 존재가 되고 말았지만, 무농약, 무비료 유기농사를 20년 넘도록 지어온 김 선생에게 똥은 아주 귀한 '금비(金肥)'나 다름없다. 그 똥에 풀이나 농사부산물들, 재와 숯 그리고 목초액과 야채효소를 섞어 발효시키면 아주 훌륭한 퇴비가 되는 것이다.

요즘은 시골도 대부분 수세식 화장실을 사용하고 있지만, 설사 재래식을 쓴다 해도 똥을 거름으로 쓰는 농가가 없어 아주 귀찮은 쓰레기가 되고 있다. 그렇다고 똥 푸는 차가 시골구석에 자주 들어오는 것도 아니어서 똥 치는 일은 아주 골칫거리이다. 때문에 공짜로 똥을 퍼주는 김 선생 부자가 마을에선 여간 고마운 존재가 아닐 수 없다. 그러나 선생은 아무나 똥을 퍼주지는 않는다. 주로 자기 힘으로 똥 퍼내기 힘든 노인들이나 여자들만 도와준다. 선생은 거름을 공짜로 얻어서 좋고, 상대방은 공짜로 화장실을 청소할 수 있어 좋으니 누이 좋고 매부 좋은 일이다.

"똥을 물로 씻어버리는 문명은 오래가지 못합니다. 똥을 흙으로 되돌리는 문명만이 살아남을 수 있습니다. 똥을 물로 처리하면 순환이 단절되어 물도 오염되고 결국 흙도 오염되고 맙니다.

조막만한 아이의 손은 손색없는 농사꾼의 손이다. 3대가 한 가정을 이루고 있는 선생네는 농사꾼
이 아닌 사람이 없다.

　수세식 변기를 만든 유럽에선 원래 똥을 길거리에다 버렸다고 합니
다. 남자들이 망토를 뒤집어쓰고 모자를 썼던 것도 멋 부리기 위해서가
아니라 2층에서 버리는 똥을 피하거나 막기 위해서였다고 합니다. 여
자들이 하이힐을 신었던 것도 길바닥의 똥을 피하기 위해서였고, 커다
란 둥근 치마를 입고 다녔던 것도 화장실이 없으니 길거리에서라도 볼
일을 보기 위해서라고 하지 않습니까. 그렇게 프랑스 파리라는 대도시
의 길거리가 똥으로 넘쳐나 흑사병이 창궐한 것입니다. 유럽 사람들이
똥을 길거리에 버렸다는 것은 그들도 그 전에는 다 똥을 흙으로 되돌렸
다는 것을 뜻합니다. 그러니까 유럽이나 동양이나 다 옛날 사람들은 똥
을 흙으로 되돌려 순환시키는 삶을 산 겁니다. 그래서 똥이 더러운 쓰

레기가 된 것은 따지고 보면 다 도시 문명이 비대해진 결과라고 해야 합니다."

농민운동과 생명운동은 하나

김영원 선생은 5대째 기독교 생활을 이어오고 있는 독실한 크리스천 신앙인이다. 그래서 지금도 가까운 지인들 사이에선 김 장로님으로 통한다. 뱃속에서부터 모태 신앙을 가졌던 김 선생은 가난한 농가의 장남으로 태어나 고학으로 서울에서 신학대학을 다녔다. 그러나 선생은 결코 목사가 되고자 공부를 한 것은 아니었다. 신앙도 신앙이지만 그저 공부하고 싶은 욕망으로 대학을 다녔다. 물론 고학을 해야 했던 것은 어려운 집안 사정으로 감내해야 할 일이었다. 그러다 결국 장남으로서 집안을 책임져야 했기에 학문을 중도 포기하고 집으로 내려와 농사를 가업으로 물려받게 되었다.

경북 의성은 매우 보수적인 미국 북장로교의 선교 지역이어서 선생은 어려서부터 아주 엄하고 철저한, 근본적인 신앙 교육을 받고 자랐다. 그런 선생의 보수적인 신앙관이 깨지기 시작한 것은 농민운동에 뛰어든 후부터였다고 한다.

"돌아가신 아버님으로부터 농사를 물려받았을 때는 군사정권에 의해 중농 정책이 포기되고 도시공업화 정책이 본격화되고 있던 시절이었습니다. 도시의 공업화를 위해 농촌의 많은 인력을 도시로 끌어들이고, 또 낮은 노동임금 정책을 위해 낮은 곡가 정책이 강제적으로 추진되고 있던 시절이었지요. 이른바 저곡가 정책은 필연적으로 다수확 정책과 같이 맞물려 돌아가야 합니다. 그리하여 농약과 화학비료에 의한 관행농법이 널리 퍼지게 되었던 겁니다.

그러나 농촌은 급속도로 피폐되어 갔습니다. 젊은 사람들은 모두 빠져나가고 시골의 땅들은 농약과 비료에 의해 찌들어갔습니다. 그런 급속한 사회 전환기에 나는 점차 사회의 구조적인 문제에 눈을 뜨게 됩니다. 곧 독재정권에 의한 저곡가 정책으로 소외당하고 희생당하는 농민 문제를 심각한 눈으로 주시하게 되었고, 더불어 그에 의해 자행되고 있는 농약 중독으로 죽어가는 가축들을 불안한 눈빛으로 지켜보면서, 어렴풋이나마 반생명적인 화학농법에 문제의식을 갖기 시작한 겁니다. 나는 어느 누구로부터 그런 교육을 받은 적이 없었음에도, 몇 년 동안 모은 신문 스크랩을 뒤져보니 온통 그런 문제와 관련된 것들이었음을 나중에야 알게 되었습니다. 나도 모르게 무의식적으로 관심이 그쪽으로 모아진 것입니다. 이것은 분명히 앞으로 농민으로 살아갈 나의 인생의 좌표를 예시하는 것이었습니다.

그날도 나는 늘상 그랬듯이 화생방 전투군인처럼 완전 무장을 하고서 사과밭에 들어가 농약을 쳐대고 있었습니다. 원래 몸이 약해 농약을 남들에 비해 절반만 치곤 했는데, 기어코 그날 쓰러지고 말았습니다."

그렇게 농약 중독으로 죽음의 고비를 경험한 것이 1978년의 일이었다. 그때는 마침 우리나라 최초로 농약 중독에 의해 일가족이 몰살당한 사건이 일어난 해였다. 쓰러진 남편을 보고 모든 농사를 망쳐도 좋으니 절대 농약을 뿌리지 말자는 사모님의 하소연에 힘입어 선생은 무농약 농사를 결심하게 된다.

그리고 선생은 생명의 유기농업과 함께 농민의 권리를 찾는 운동에

도 나서기로 했다. 더불어 선생의 신학관 또한 보수적인 것에서 이른바 민중신학으로 바뀌어갔다.

당시에는 다수확 정책을 내건 유신정권의 관행농법에 의해 거의 반 강제적으로 통일벼를 심게 되어 있었다. 지금은 거의 사라진 통일벼는 농약과 화학비료 없이는 절대 지을 수 없는 품종이다. 때문에 무농약 유기농업으로는 도저히 통일벼를 할 수 없어 토종 종자나 유기농에 맞 는 다른 종자로 못자리를 내면 농촌지도소 사람들이 나와 발로 걷어차 며 방해를 놓던 시절이었다. 정부 정책에 조금이라도 반대하고 나서면 간첩으로 매도당하던 때였으니 지금은 상상도 못할 일이었다.

김 선생은 농부가 자기 뜻대로 농사 지을 수 없는 상황을 도저히 용납 할 수 없었기에 생명운동은 곧바로 농민의 권리 찾기 운동과 함께 가야 한다고 생각하게 된 것이다.

"그러나 당시에는 생명운동과 농민운동은 물과 기름 같은 사이였습니다. 아직 환경문제니 유기농업이니 하는 생명의 관점은 아주 생소한 시대였거든요. 그래서 농민운동 하는 사람들은 고가의 유기농산물을 상류층을 위한 부르주아적인 것으로 오해하곤 했습니다. 반면 생명운 동 하는 사람들은 농민운동을 좌경적인 운동으로 불온시하려고 했습니다. 그런 상황에서 두 가지 운동을 병행한다는 것은 쉬운 일이 아니었지요."

김 선생은 1980년에 정농회에 가입하여 생명운동을 본격화하기 시작한다. 그러나 1980년 광주 민중항쟁을 짓밟고 들어선 전두환 독재정권은 선생을 농사일에만 묶어놓질 않았다. 정농회에 참여는 하면서도 투쟁 전선에 나서는 일이 더 잦을 수밖에 없었다.

1980년대 초반의 농민운동은 거의 지하 활동으로 제한되었다. 엄혹한 독재정권 시절이라 드러내놓고 조직을 만들어 운동을 벌일 수 없었기 때문이었다. 그래서 김 선생은 준비 조직 상태로 3년의 지하 운동 시절을 보내게 된다. 결국 우여곡절 끝에 전국 기독교농민회가 창립되고 선생은 초대 회장과 2대째 회장까지 역임하며 공개적인 투쟁 전선에 나서게 된 것이다.

선생의 투사 경력은 농민운동에만 머물지 않았다. '기독교 사회운동연합'의 공동의장과 한국 사회에서 민주주의의 큰 전환기가 되었던 1987년 6월 항쟁 때도 민주쟁취국민운동본부 기독교 대책 공동의장을 맡으며 민주화운동의 선봉에 서기까지 했다.

1980년대 후반에 들어서면 투사로서 김 선생의 면모는 여지없이 드러난다. 우루과이라운드 반대 투쟁을 위해 농민들과 함께 미국 대사관 점거농성 투쟁을 지휘하여 불구속 기소되는 일까지 벌어진 것이다.

이렇게 선생은 1980년대 내내 투쟁 전선에서 한 세월을 보내야 했다. 걸핏하면 밤차 타고 서울에 올라가 집회·시위를 주도하느라 경찰서 유치장 신세를 져야 했고, 피곤에 찌든 몸을 이끌고 집에 내려오면 쉴 틈도 없이 깨 심고, 콩 심고 하느라 정신없는 시절을 보냈다. 그 바람에 선생의 빈자리를 채우느라 사모님의 고생이 보통이 아니었다고 한다.

그런 고생을 했음에도 선생에게 돌아온 훈장 아닌 훈장은 파킨슨병 이라는 질병이었다.

"그래도 천만다행으로 병이 가볍게 들어와 한 번도 활동을 중단한 적이 없습니다. 또 상황이 나로 하여금 제대로 쉬게 하지도 않았지요. 전국농민총연맹(이하 전농)이 만들어지자 그것의 모태가 되었던 기독교농민회와 가톨릭농민회(이하 가농)가 발전적 해체를 하였는데, 가농이 생명공동체 운동으로 전환하여 그곳의 유기농업 자문위원을 맡게 된 것이지요. 당시에는 농민운동과 생명운동을 병행한 사람이 없어 무슨 강의다 교육이다 해서 많이 뛰어다닐 수밖에 없었습니다. 1991년도에는 거의 백 회 이상의 강의를 나가는 이상한 기록까지 세우기도 했지요. 3일에 한 번 꼴로 나간 셈입니다. 1980년대는 투쟁으로 정신없었는데, 1990년대는 강연으로 또 정신없이 보냈습니다. 이 몸을 이끌고 그렇게 다닌 걸 보면 내 팔자가 그런가 봅니다."

숯과 목초 농법의 선구자

1980년대를 선생은 농민운동으로 바쁘게 뛰어다녔지만 그렇다고 정농회 활동을 게을리 한 것은 아니었다. 정농회에서도 주로 강연 일을

목초액을 받기 위해 만든 특수 굴뚝. 굴뚝을 세 기둥으로 하여 표면적을 넓혔기 때문에 보통 굴뚝보다 많은 목초액을 받을 수 있다.

많이 했지만, 특히 일본 애농회를 통한 유기농업 국제 교류 활동이 선생에게는 매우 중요한 일이었다. 그때 맺었던 일본 유기농가와 저명한 생태주의 학자들과의 교류가 지금까지 이어져 선생은 일본 유기농 잡지에 글을 싣기도 했다. 그런 적극적인 활동 덕에 선생은 국민은행에서 제정한 제1회 환경상까지 수상하여 상금을 관련 환경단체에 기부하기도 했다고 한다.

일본 유기농가와의 교류 활동 중에 가장 선생의 관심을 끌었던 것은 이른바 숯과 목초 농법이었다. 숯과 재는 우리 조상들도 농사에 유용하게 써왔다는 것을 익히 알고 있었지만 나무를 태운 연기를 액화시킨 물, 곧 목초액을 농사에 활용하는 것은 그때 처음 보게 되었다.

"목초액이 그렇게 쓸모 있는 물인지 사실 몰랐어요. 옛날 우리 조상들이 목초액을 해충을 구제하는 등에 썼다는 말을 듣기는 했지만 말입니다. 그런데 일본에 가서 보니 목초액이 무공해 자연농약에다 식물의 생명력을 높여주는 신비의 활성수로 쓰이는 것을 처음 보았지요. 그래 나도 한번 써봐야겠다고 마음먹고 곰곰이 살펴보니, 일본 사람들은 목초액을 힘들게 돈 들여서 숯가마를 만들어 받고 있더란 말입니다. 나는 그걸 보고는 어릴 적에 어른들이 굴뚝 밑에 고인 물을 버렸던 일을 기억한 거예요. 나는 '아! 바로 이거구나' 하고 속으로 생각하고는 돌아오자마자 온돌을 이용한 목초액 제조 장치를 만들었습니다. 제가 만들어 놓고 보니까, 농가 한 집에서 난방용 장작 구들 때면 거기에서 나오는 목초액만으로도 충분히 농사 짓고도 남습니다. 따로 목초액 제조를 위한 장치를 할 필요가 없는 것이죠. 그러고도 이웃과 나눠 쓰고도 남을 만큼 충분한 양이 나옵니다."

거기에다 온돌로 채취하는 목초액은 불순물이 적다고 한다. 보통 숯 가마를 지필 때 파란 연기가 나오면 불순물이 많아 목초액을 받지 못하지만, 온돌에서는 연기가 구들을 통과할 때 다 여과되고 굴뚝에선 흰 연기만 나와 깨끗한 목초액을 받을 수 있다. 게다가 난방으로 나오는 폐열을 재활용하는 셈이어서 그야말로 귀중한 자원을 덤으로 얻는 것이다.

김 선생의 온돌을 이용한 목초액 제조 장치는 상주대학과 선생이 고문으로 계신 우리농법연구회가 공동 연구하여 특허를 출원해놓은 상태라 한다. 오랜 옛날부터 우리 조상들이 늘상 써오던 것을 뭐가 대단해서 특허까지 받느냐고 하겠지만, 온돌은 우리나라에만 있는 것이기에 조상으로부터 물려받은 우리만의 소중한 것을 지킨다는 점에서도 그것은 매우 소중한 일이라 하겠다.

가업을 이어받은 아들에게서 새천년의 희망을 건다

김영원 선생은 연로하시기도 하고 몸도 불편하여 지금은 모든 일에서 뒤로 물러앉아 있다. 맏아들 김정욱 씨가 아버님이 하시던 모든 일을 가업으로 이어가고 있는 것이다.

대학에서 경영학을 전공한 김정욱 씨는 얼마든지 도시에서 어엿한 직장인으로 살아갈 수도 있는 사람이었다. 또한 어렸을 때부터 아버님 일을 도와드리느라 농사일이 얼마나 고된지 익히 알고 있었기 때문에 더욱 아버님 일을 물려받는 것은 쉬운 결정이 아니었을 것이다.

"모내기나 수확철 등 농번기 때가 되면 집안 일을 도와야 하기 때문

우리 전통 구들에서 목초액 제초 장치를 창안할 수 있었던 데에는 선생의 항상 진지한 삶의 태도가 숨어 있다. 아마 그런 선생의 진지함이, 불편한 몸에도 불구하고 언제 어디서나 당신을 필요로하는 곳이라면 마다하지 않고 달려가게 했던 듯하다.

에 시골 학생들은 걸핏하면 학교를 빠지기 일쑤입니다. 물론 학교에서도 인정하는 일이기는 하지만, 그리고 사정을 모르는 도시의 아이라면 학교 안 가니 좋겠다 하겠지만, 고된 농사일을 아는 아이들이라면 결코 신나는 일이 아닙니다. 그런데다 우리 집은 제초제도 쓰지 않으니 일일이 손으로 풀을 매야 하고, 비료도 주지 않아 인분, 축분 등을 발효시켜 리어카로 끌어 날라야 하니 우리 애들은 다른 집 애들보다 몇 배 힘든 일을 감당해야 했습니다. 아마 그날도 리어카로 낑낑대며 힘들게 거름을 나르고 있을 때였을 겁니다. 고등학생이었던 큰애가 중학생인 막내에게 하는 말이, 우리는 이 다음에 절대 농사 짓지 말자고 하는 것이었습니다. 그러고는 노동의 즐거움 운운하는 교과서의 말들은 새빨간 거짓말이라는 겁니다. 이런 고통을 모르고 그저 책상머리에서 무책임하게 펜대나 긁적이는 한량들의 얘기라는 거죠. 그렇게 애를 쓰며 대학에 들어간 것도 아마 농사일에서 벗어나려는 마음이 없지는 않았을 겁니다."

그런 맏아들이 대학을 졸업하자 아버님의 농사일을 맡겠다고 나섰을 때 김 선생은 그렇게 고마울 수가 없었다고 한다. 물론 선생도 권유하기는 했지만, 당신 자신도 서울에서 대학 공부할 때 장남이라는 위치 때문에 하고 싶은 공부를 중도 포기하여 그 심정을 익히 알고 있었기에 미안한 마음도 없지 않았을 것이다.

이제 김정욱 씨는 결혼도 하여 처자식을 거느린 어엿한 가장 역할을 톡톡히 하고 있는데다, 며느님도 아들 못지 않은 농사꾼으로서 역할을 다하고 있다. 그렇게 김 선생 댁 가족은 손주들까지 3대가 한 가정을 이루고 있어 요즘 보기 드문 대가족의 면모를 갖춰가고 있다.

김정욱 씨는 '아버지만한 자식 없다'는 말이 무색할 정도로, 아버님이 하시던 일 이상으로 농사일을 열심히 하고 있다. 무농약 유기농사는 물론이요, 지역 농민회 사무장 일까지 맡으며 농민운동에도 아버님 못지 않게 앞장서고 있다. 또한 아버님은 대외적인 활동에 바빠 마을에 유기농을 퍼뜨릴 여가가 없었던 반면에, 김정욱 씨는 마을의 젊은 사람들을 중심으로 네다섯 농가와 함께 마을의 유기농을 지켜가고 있다.

"흙 속에 참된 삶의 보장이 있다"

마지막으로 김 선생은 새천년을 맞이하여 도시 사람들과 귀농인들에게 당부의 말씀을 잊지 않았다.

"새천년이 된다고 너무 사람들이 들떠 있는 것 같습니다. 바야흐로 디지털 시대다, 최첨단 정보화 시대다 해서 마치 무슨 유토피아의 시대가 올 것처럼 너무들 들떠 있어요. IMF가 먼 옛날 얘기처럼 된 것 같습니다. 서울의 얘기를 들어보면, 옷가게에서 새 옷을 산 후 입고 온 낡은 옷들을 그냥 버리고 간다죠. 아이들은 무슨 몬스턴지 뭔지를 모으기 위해 돈 주고 산 귀한 빵과 과자를 그냥 버린다고 하는 얘기까지 들립니다. 이거 참으로 큰일입니다.

그러나 곰곰이 따져봅시다. 만능이다 생각하는 컴퓨터 모니터에서는 절대 쌀이나 밥이 나오지 않습니다. 오히려 신종 범죄의 도구가 될 가능성도 없지 않지요.

21세기에는 농업이 한층 중요한 삶의 근본이라는 것을 깨닫게 될 것입니다. 귀농운동이 활발해지는 것도 그 징조라고 보면 됩니다. 모든 운동은 모순이 있기 때문에 일어나는 것입니다. 마찬가지로 귀농운동 또한 귀농하지 않으면 안 되는 모순이 있기 때문인 것이죠. 첨단 과학 시대에는 더욱더 흙에 대한 중요성이 커질 것입니다. 흙에서만이 참된 삶의 행복이 보장될 수 있기 때문입니다."

마침 선생은 대통령으로부터 직접, 각 분야의 원로들과의 간담회에 초청받아 서둘러 서울로 올라갈 채비를 해야 했다. 그러지 않아도 궁금하던 차에 우리는 잠깐 선생께 내일 무슨 말씀을 할 것인가를 물어보고 취재를 마무리했다.

"만약 내게 말할 기회가 주어진다면, 우선 저는 얼마 전 골프를 대중 스포츠화하겠다는 대통령의 실언을 비판하고자 합니다. 골프장이 우리의 땅과 산하를 얼마나 망치고 있는지 온 국민이 다 알고 있는 상황에서 그런 발언을 했다는 것에 심히 걱정스럽지 않을 수 없었음을 말하고자 합니다. 다음으로, 농민을 대변할 수 있는 기구와 농민의 의견을 널리 수렴할 수 있는 모니터 제도를 제안할 생각입니다. 마지막으로, 지금 현재 위험 수위에 육박하고 있는 26퍼센트라는 식량 자급률을 경고하면서 강력하게 식량을 자급하기 위한 대책 마련을 촉구할 것입니다. 이는 제가 볼 때 IMF보다 더 큰 재앙을 불러올 매우 위험스런 미래입니다. 이에 대한 대책을 마련하지 않고 계속 방치한다면, 우리는 역사에 크나큰 죄악을 범하게 될 것입니다."

우렁이와 함께 한 유기농 인생

―우렁이 농법의 창시자 최재명 선생

충북 음성군 대소면 성본1리. 지금으로부터 2백여 년 전 해주에 살던 최씨들이 내려와 마을을 이루고 살게 되면서 최씨 성을 가진 사람들이 모여 산다고 최성리라고도 불리는 곳이다.

마을 초입에 펼쳐진 논에서는 갓 옮겨 심어진 벼 포기가 가냘픈 몸을 산들바람에 내맡긴 채 흔들리고 있고, 멀리 보이는 능선에는 삼밭이 보인다. 겉으로 보아 여느 농촌마을과 다름없어 보이지만 이곳은 우리나라, 아니 세계 유기농업사의 한 획을 그은 우렁이 농법의 탄생지이자 그 창시자인 최재명 선생(71세)이 사는 곳이다.

마을 사람들에게 물어 최 선생의 붉은 기와집에 도착하니 막 논에서 돌아온 최 선생과 가족들이 점심부터 권한다. 찹쌀현미를 섞은 현미밥

언제나 삶을 세심하게 탐구하며 살아온 힘이 우렁이 각시를 만나게 했던 것 같다. 선생은 우렁이 농법의 창시자이기도 하지만, 이미 그 전에 최근 각광을 받고 있는 오리 농법도 실험한 적이 있다. 오리 농법 또한 무공해 농법임에는 틀림없지만 오리는 익충이건 해충이건 논에 살아 있는 모든 생명을 잡아먹어버려 진작에 때려치웠는데, 일본이 제일 먼저 이를 개발했다고 알려진 것을 보니 왠지 쓴웃음이 지어진다.

에 시원한 김치를 얹어 먹으니 그렇게 맛있을 수가 없다. 싱그러운 풋고추를 고추장에 찍어먹고 구수한 된장찌개를 조금씩 떠먹다 보니 어느새 고봉밥을 다 먹었다.

　최 선생은 16대째 이곳에서 농사를 짓고 있다. 부인, 아들 내외 그리고 손주 세 명, 모두 일곱 식구가 오손도손 살아가는 선생 가족의 농사 규모는 논밭이 각각 8천 평. 벼농사는 주로 선생이, 인삼과 수박이 주종인 밭농사는 아들 관호 씨가 맡고 있다.

말로만 듣던 우렁이 농법이 궁금해 물었더니 손수 차를 몰고 논으로 데려다주었다. 최 선생 논 바로 맞은편 도로 건너편에 세워진 2백 평 남짓한 비닐하우스에 '우렁이 제초꾼'을 기르는 농장이 있었다. 문을 열고 들어서니 마치 사우나에 들어온 듯 후텁지근했다. 비닐하우스 안에는 여섯 개의 수조를 설치해놓았는데 그곳이 바로 우렁이들의 집이었다. 두 개의 수조에는 밤톨만한 어미 우렁이가, 다른 네 개의 수조에는 손톱만한 크기의 새끼 우렁이가 잡초 제거에 투입될 날을 기다리고 있었다.

하느님과 약속한 유기농업

우렁이 농법이 어떻게 세상에 나왔는지 여쭈었다. 우렁이의 특성이 이런 것을 알고 이렇게 저렇게 연구 노력한 결과 우렁이 농법을 만들었다는 대답이 나올 줄 알았다.

"하느님이 내려주신 거라고 생각해."

의외의 답변이었다. 하지만 선생의 얘기를 들으면서 하늘이 주신 농법이라는 말이 이해가 되었다. 우렁이 농법의 탄생은 농사꾼으로서 선생이 살아온 내력과 밀접한 관련이 있었다. 선생은 학교라고는 문턱도 넘어보지 못한 분이다.

"일정 때 집에서 10리 넘게 떨어진 대소면 면소재지에 학교가 있었지만 그때 학교 다닐 형편이 되는 사람이 어디 있었나. 꼼지락거릴 수 있을 나이가 되면 모두 농사일을 해야 했지."

소작농의 아들로 여섯 살부터 농사일을 거들기 시작한 선생은 정말로 손발이 닳도록 밤낮없이 일한 끝에 50년대 들어 열 마지기 가량 '내 땅'을 마련했고, 그 뒤로도 부지런한 노동으로 조금씩 땅을 늘려나갔다고 한다. 천석꾼, 만석꾼을 꿈꾸지 않은 농부가 있을까마는 선생도 부지런하게 열심히 농사만 짓다 보면 그런 꿈이 이루어지리라 생각했다고 한다.

"어려서부터 농사일밖에 모르는 사람이고 농부는 농사를 많이 짓기만 하면 잘사는 줄 알았지. 수확량을 늘리기 위해서는 해보지 않은 일이 없어. 1970년대부터 농약이 나오기 시작했어. 신기했지. 조금만 뿌리면 잡풀과 해충이 쉬이 사라졌거든. 해방 후 제일 먼저 들어온 농약이 디디브이피(DDVP)라고 기억하는데, 좋다는 농약은 모두 써봤어. 그러다 보니 내가 쓰러지기 전까지 귀중한 생명과 땅이 병들어가고 있다는 사실을 몰랐구면. 가톨릭농민회에 가입해 땅과 생명을 살리는 농사를 지어야 된다고 많이 배웠지. 허지만 그게 어디 쉽나."

어머니를 따라 성당에 다녔고 결혼 뒤 영세를 했던 터라 자연스럽게 가톨릭농민회 회원이 되었던 선생은 '생명의 농법'에 대한 교육을 받고서도 농약의 유혹에서 벗어나질 못했다고 한다. 그러던 선생에게 유기농업에 눈을 돌리게 해주는 사건이 일어난다. 선생은 그 일을 '하느님이 주신 가르침'이라고 믿고 있다.

"1975년 7월이었을 거야. 땡볕이 내리쬐던 날이었지. 오전에 동생과 함께 담배밭 2천 평에 베타시독스라는 농약을 뿌렸어. 그때는 농약통을 등에 지고 한 손으로 공기를 넣어가면서 약을 뿌렸는데 상당히 힘든 일이야. 지금처럼 오후 두세 시쯤 됐을까. 땡볕이 내리쬐는데 분사통을 지고 밭으로 가는 길이었어. 그런데 그날 따라 농약통이 왜 그렇게 무거운지 걸음이 떨어지지 않는 거라. 간신히 한 발 한 발 걸어가다 언덕에 누워서 하늘을 바라보니 갑자기 하늘이 노란 게 별이 반짝반짝 보이는 거요. 정신을 차리려고 하면 눈앞이 캄캄해지고, 다시 하늘을 바라보니 이번에는 하늘이 빨갛게, 까맣게 보이고. 한참을 누워 있다가 분사통을 버린 채 집으로 기어오다시피 왔지. 5분밖에 안 되는 거리를 한참 동안 걸어왔는데 어떻게 왔는지도 모르겠어."

농약 중독이었다. 인간에게 필요한 것을 얻기 위해 무수히 많은 생명을 죽이는 '살생농법'의 대가는 선생 자신의 생명에 대한 위협으로 다가왔다. 병원은 고사하고 보건소 직원이 오토바이를 타고 군 전체를 돌면서 회진하던 시절이라 사흘 동안 집에서 사경을 헤매던 최 선생은 하느님께 간절한 기도를 올리게 되었다고 한다.

"하느님, 일어나게만 해주시면 절대로 농약을 쓰지 않겠습니다. 제발 저를 도와주십시오. 저는 빚진 게 많은 사람입니다. 낳아주신 부모님의 은혜를 비롯해 인간으로서 도리를 다할 수 있도록 제발 도와주십시오."

간절한 기도가 하늘에 닿았는지 선생은 나흘째 되는 날 간신히 자리에서 일어났으나, 그 뒤부터는 농약은 물론이고 모기나 파리 잡는 약 냄새만 맡아도 구토증세가 나타났다. 심지어 논밭일을 하러 나섰다 다른 논에서 뿌린 농약 냄새를 맡고 쓰러진 적도 여러 번이었다.

농약이 생명에 미치는 영향을 몸으로 깨닫게 되면서 최 선생은 농사법을 바꿨다. 농약 대신 퇴비를 만들어 넣고 잡초도 직접 손으로 뽑았다. 그러나 농약과 비료로 버티던 논이 갑자기 살아날 리가 없었다. 선생은 그 해 4천6백 평의 논에서 2천4백 킬로그램밖에 수확을 못했다. 6

천4백 킬로그램씩 수확하던 평년의 3분의 1에 불과한 수확량. 그런 어려움은 3년이나 계속되었다. 정성 들여 키운 작물에 벌레들이 날아드는 것을 보면서 농약에 대한 유혹이 끊임없이 선생을 괴롭혔다. 실제로 조금씩 농약을 써보기도 했으나 그때마다 몸에서 즉각 거부반응이 왔다. 두세 번 더 쓰러지고 나서야 농약을 완전히 끊었다고 한다.

"어떠한 어려움이 닥치더라도 농약 안 주고 농사 짓도록 도와달라고 기도했지. '이 한 몸 다 바쳐 자연과 인간생명 보호에 보탬이 된다면 저를 도구로 써주소서'라고 나날이 기도했어. 농약을 조금이라도 칠라치면 몸이 안 좋아지고 그때마다 기도하고…… 허허 참."

선생은 그때를 떠올리며 자신도 이해가 되지 않는다는 듯 너털웃음을 지었다. 무농약 농사를 지으면서 어려움도 적지 않았다. 동네 사람들은 최 선생 가족들을 만날 때마다 "약을 안 줘서 농사가 절단 났다" 손가락질했고, 부인도 "왜 편하게 살지 농약을 안 쓰려고 하느냐" 핀잔을 주었다고 한다. "혼자 한다고 땅과 생명이 살아나느냐"라고 힐난하는 동네 사람들에게 선생은 "농약을 함부로 써서 금수강산이 폐허가 됐는데, 나는 내 농사를 일부 망치더라도 땅을 살리고 세상을 떠날 거여"라고 말했다고 한다.

선생의 무농약 농사에 대해 관청에서도 가만히 있지 않았다. 농촌지도소에서는 하루가 멀다하고 선생을 설득하러 왔다. 소장과 직원 두 명이 번갈아가며 찾아와 농약을 공동으로 살포하라고 채근했다. 선생 논에서 병충해가 번져나가 다른 마을 논에도 피해를 주니 반드시 농약을 뿌려야 한다는 것이었다. 다른 논의 벌레가 모두 선생 논으로 몰려가 농사를 망칠 거라고 겁도 주었다.

"그때 내가 그랬지. '그거 좋은 말씀이오. 우리 논에 버러지 공장을 차릴 거여. 온갖 버러지 길러 팔아 부자 되고 좋겠네' 라고 받아쳤어. 나중에는 자신들이 대신 쳐주겠다고까지 하는 걸 '우리 논 근처에 오면 작대기로 다리몽둥이를 분질러 놀겨' 라며 쫓아보냈지."

농촌지도소에서는 그 뒤 선생 논에다가 병충해 우려 지역을 표시하는 빨간 깃발을 꽂아놓은 데 이어 벼의 생장을 비교하기 위해 허락 없이 말뚝을 박아놓기도 했다. 지도소의 조사 결과 벼의 생장에서나 수확량에서나 다른 논과 별반 차이가 없자, 그제야 선생의 농사에 대한 간섭이 줄어들었다고 한다.

"수확 뒤에 소장을 만났을 때 '이보시오, 소장 양반. 우리 논에 농사 얼마나 잘된 줄 아시오' 라고 따지니, '다른 논에서 죄다 농약 쳐서 벌레를 죽였기 때문에 괜찮은 겁니다' 하더라고. '허허, 그것 참 대답이 명답이네' 하고 웃고 말았어. 아마 내가 실패했으면 더 많은 압력을 받았을 거야."

어느 날 문득 찾아온 우렁이 각시

하지만 관의 간섭은 거의 없어졌으나 유기농은 쉽지 않은 일이었다. 3년쯤 지나 땅심이 살아나면서 수확량도 예전처럼 많아지고 병충해 피해도 줄어들었으나 잡초를 뽑는 일은 고역이었다. 선생은 힘이 들 때마다 하느님과 한 약속을 떠올렸고, 환경과 생명을 살리는 농사를 짓다 죽게 해달라고 기도했다고 한다.

선생의 기도에 대한 응답이었을까. 1991년 어느 날, 아들 관호 씨가 우렁이 양식을 하겠다며 계약을 하고 왔다. 30킬로그램을 받기로 하고 당시 송아지 한 마리 값인 백만 원을 미리 다 지불하였다는 것이다. 그때 농촌에는 농가부업으로 우렁이 양식을 통해 고소득이 가능하다는 선전물이 곳곳에 나돌았다고 한다. 최 선생은 열대산 우렁이를 양식하는 게 어려울 것이라는 점을 알았지만 이미 엎질러진 일이었다. 선생과 아드님은 사랑채를 아예 우렁이 양식장으로 바꿔 방안에서 우렁이를 키웠으나 습성이 까다로워 그것도 쉽지 않았다. 온도 유지를 위한 난방비도 만만치 않아 결국 양식을 포기하고 우렁이를 논에다 버리고 말았다.

그러나 이게 웬일인가. 최 선생은 어느 날 논에 나갔다가 우렁이가 논에 돋아난 잡초를 갉아먹는 것을 보고 눈이 번쩍 뜨였다. 며칠 동안 관찰하니 우렁이는 벼잎은 그대로 두고 상대적으로 연한 잡초만을 먹는다는 것을 알 수 있었다. '우렁이 각시'가 훌륭한 제초꾼임이 드러난 순간이었다.

하지만 우렁이를 본격적으로 제초작업에 이용하는 데는 많은 노력이 필요했다. 열대산 우렁이를 죽이지 않고 겨우내 번식시키는 방법을 알기까지 무수히 많은 관찰과 실험이 필요했다. 언제 우렁이를 논에 풀어놓아야 하며, 우렁이가 물에 휩쓸려 떠내려가지 않도록 하기 위해 물대기는 어떻게 해야 하는지, 겨울 동안 우렁이를 어떻게 키워야 하는지 등등. 우렁이 농법이 탄생하기까지는 3년의 세월이 필요했다.

"우렁이가 그렇게 큰 역할을 할지 몰랐어. 잡초를 먹어치우고, 기어다니며 김을 매고, 또 배설물을 내놓아 거름이 되어 땅이 기름져지고……. 조금 지나니 논에 미꾸라지, 붕어, 새뱅이가 함께 자라고 있더

벼 포기 옆 물 속에서 짝짓기를 하고 있는 우렁이

라니까."

우렁이를 논에 풀어놓으면서 선생의 논은 생태계 천국이 되었다. 잡초에 매달려 풀을 뜯는 우렁이, 벼잎 사이에 흙탕물을 일으키며 움직이는 미꾸라지, 먹이를 찾아 헤엄치는 붕어, 흔들리는 벼잎 아래 매달린 메뚜기, 논물 속에 숨어 있는 실지렁이, 물벼룩, 게아재비 등등. 잡초를 뽑는 데 드는 엄청난 노동이 필요 없어졌음은 물론이다.

그 뒤 우렁이 농법으로 알려진 선생의 유기농법은 국내 유기농가는 물론 일본과 미국에서도 배워갈 정도로 유명해졌다. 선생 자신도 유기농으로 재배한 현미밥을 먹으면서 농약에 대한 거부반응도 차츰 없어져 지금은 다른 논에 뿌려진 농약 냄새를 맡아도 괜찮을 만큼 몸이 좋아졌다.

"죽기 전까지 힘닿는 한 땅과 생명을 살리는 농사를 지어야지. 그게 나를 살려주시고 우렁이 농법을 알게 해주신 하느님의 뜻에 따르는 거라고 믿어."

선생의 모습은 어느새 자연, 아니 하늘을 닮아 있었다.

생명운동으로 일구는 마을공동체
— 경북 의성의 쌍호공동체 우영식 선생

한때 이 땅에 '봄은 왔어도 봄이 아닌' 시대가 있었다. 어느 시인이 '겨울공화국'이라고 나지막이 읊조리던 시대. 독재가 휘두르는 야만의 칼바람 앞에 모든 이들이 숨죽여 움츠러들었던 바로 그 시절이다. 하지만 꽁꽁 얼어붙은 얼음장 밑에도 물은 흐르게 마련이고 생명의 숨결은 한순간도 꺼져본 적이 없다. 그래서 아무리 매섭고 차가운 겨울이어도 봄은 반드시 오는 법이다. 사나운 정치권력의 발톱이 할퀴고 간 자리에서 농촌 들녘이라고 비켜날 순 없었다. 한데 그 시절에도 웃지 못할 재미난(?) 일이 벌어졌다. 바로 이런 이야기다.

어떤 마을에 수리조합이 있었다. 물이 귀한 동네에는 저수지를 만들어 농사철에 물을 대주고 물세를 받는다. 그런데 그 마을은 본디 저수지가 없어도 농사 짓는 데 불편함이 없었다. 그런데도 마음대로 저수지를 만들어놓고는 일방적으로 물세고지서를 발급하자 마을 사람들은 물세를 내지 말자고 약속했다. 저수지 물을 사용하지 않아도 농사 짓는 데 전혀 문제가 없으니 어찌 물세를 내겠는가.

그러자 조합은 재산을 차압하겠다고 닦달을 했고, 압류증서를 들고 한 농가에 들렀다. 농민은 차압할 물건이 없으니 염소에게 딱지를 붙이라며 말하길, "이 염소는 이제 내가 관리할 수 없으니 당신이 가져가시오. 대신 염소의 생명은 당신이 책임지시오."

염소를 끌고 간 직원은 그날부터 염소의 생명을 책임져야 했으니, 풀을 먹이고 정성을 다해 돌보았다. 농민에게 갖은 압력을 가해도 꿈쩍하지 않자, 이러지도 저러지도 못한 직원은 친척에게 통사정을 하여 물세를 대신 납부하고 영수증을 보냈다. 염소를 돌려줄 셈이었다.

그러나 물세 자체를 내지 않겠다는 농부는 영수증이 왔으나 "난 물세낸 적 없소!" 하고 받질 않았다. 끝내는 높은 사람들이 봉고차에 염소를 모시고(?) 농부를 찾아와 통사정하며 염소를 돌려주었다. 그 다음부터 조합장은 마을 사람들에게 "지난번 그 집 염소는 잘 있느냐?"라고 염소 안부를 묻더라는 것.

그 시절 감히 어떤 마을에서 어느 누가 이럴 수 있었을까, 하는 경탄과 함께 쓴웃음을 자아내는 이야기이다. 교과서에 실어 민주주의의 산 교육 자료로 삼아도 좋을 법한 이 이야기는 누가 재미있으라고 지어낸 것이 아니라 가톨릭농민회(이하 가농)의 농민운동 과정에서 빚어진 실제 이야기이다.

가톨릭농민회와 함께 한 농민운동 - 잘못된 농정에 맞서다

우영식 선생(64세)이 사는 마을은 경북 의성군 쌍호리. 낙동강이 안동호에 잠시 머물다 다시 도도한 흐름이 되어 크고 작은 산세와 어우러져 여기저기 고을을 이루고, 그 유명한 안동 하회마을을 태극 모양으로 휘돌아 내리다 커다란 호를 그리며 품어 안은 들녘이다. 새마을 운동 시절엔 신작로였을 아스팔트 포장길을 따라 들어가니, 갓길과 울도 담도 없는 마당이 이어진 곳에 신생의 안채가 서 있다 6, 70년대쯤에나 한 번 수리를 거쳤을까, 전혀 꾸밈이라곤 찾아볼 수 없는 가옥이 너무도 평범하여 오히려 인상적이다. 싸리나무나 고욤나무, 혹은 길가의 들꽃이나 잡초처럼 그렇게 투박한 집 모습에서 마을이 근대화 바람에 겪었을 풍상과 고스란히 간직해온 세월을 보는 것 같았다.

집안이 선조 대대로 살아온 본향은 아니지만 선생의 할아버지께서 항일 의병운동을 벌이다 쫓겨 숨어들어 이곳에 정착하게 되었다. 이 할아버님이 가톨릭 신자였는데 그 뒤 3대에 걸쳐 가톨릭 신앙을 이어온 흔치 않은 내력을 간직한 집안이다. 그 사연도 사연이려니와 이 고을과 맺은 인연이 더욱 운명적인 느낌이 드는 것은, 이 고장이 바로 가농운동이 가장 활발한 곳 가운데 하나인 안동교구에 속한 곳이기 때문이다. 선생이 박재일 한살림회장, 이병철 (사)전국귀농운동본부장 등과 인연을 맺은 것도 가농을 통해서란다.

이렇게 해서 고향마을, 신앙, 농민운동은 선생의 인생 역정을 가로지르는 세 개의 큰 축을 이루었다. 1978년 안동교구 산하 가농안동연합회가 출범하면서 선생은 교구연합회장을 거쳐 이곳 의성 분회장까지 맡았다. 가농 하면 1970년대의 '함평고구마 사건', '오원춘 사건' 과 1980

선생이 생각한 농민운동은 자신만 잘살자고 하는 것이 아니라 농민이 아닌 도시인도, 사람이 아닌 자연도 다 함께 잘살자고 하는 것이다. 그러기에 유기농이라는 생명운동 또한 자연스런 농민운동의 연장이었다.

년대 중반의 '소몰이 시위' 등 사회적으로 적지 않은 파문을 일으킨 사건이 떠올라, 그간 정치권력과 농정당국에 맞서 싸우느라 험한 일도 많으셨으리란 짐작이 갔다.

"우리 농정은 완전히 실패한 농정인 거라. 품종 개발과 선택을 강요하고, 수매량과 가격도 강제하고, 농약이나 비료도 농민 맘대로 하지 못했지. 이렇게 농정 자체가 정부 의도대로 일방적인 강제로 이루어진 데서 모든 어려움이 비롯되는 기야. 농촌의 작은 학교 폐교 사태는 농정 실패의 대표적인 상징이 아니고 무엇이겠어. 이젠 모두 떠났다는 이야기거든. 이 모든 게 전적으로 정부에 책임이 있단 말이지."

거침없이 역대 정부의 잘못된 농정에 대한 비판부터 쏟아낸다. 그리곤 이내 녹록잖게 고단하고 피곤한 농촌 생활의 한 자락을 내보인다.

"쌀값이 세계에서 제일 비싸다고 하는데, 절대금액만 가지고 따진다면야 그럴 수도 있겠지만 어찌 비교를 그렇게 기만적으로 할 수 있겠나. 상대적으로 따져야지요. 쌀 한 가마에 15만 원이니 3일치 노임밖에 되지 않는데, 그렇게 쌀값만큼 싼 것도 드물 거요. 예전에는 논농사하면 더 잘살았으나 수매가를 강제로 정하면서부터는 밭농사보다 못한 형편인데, 이게 수매가가 물가를 전혀 반영하지 못해서 그래요. 지금은 논농사는 하는 만큼 망하게 되어버렸어요. 한 해 동안 들어가는 농자재를 빚으로 썼다가 가을에 추수하여 갚는데, 자기 농사만 갖고서는 빚을 못 갚는 사람이 태반인 거지요."

이제껏 풍년 아닌 해가 어디 있었던가. 정부는 매년 풍년 타령을 해댔지만 정작 농민들은 해마다 늘어가는 빚에 한숨이 깊어갔다. 농촌에 대한 정책이 잘못되면 풍년이 곧 기근이요, 증산이 곧 이농이고 폐농이며, 노력하면 할수록 농민의 좌절만 깊어진 것이다.

"자연히 '내가 왜 못살게 되었을까' 하는 문제의식을 갖게 되는 게 당연하지요. 그런데 방송과 교육에선 못사는 건 농민이 게을러서 그렇다고 하지, 농정의 잘잘못을 시비하는 법이 없어요. 이게 너무 속이 상하는 일이에요. 정책이나 가격은 사회적으로 결정되는데도 말이에요."

그저 열심히 피땀 흘려 일하는 농민상을 그리는 것으로는 농민문제를 해결할 수 없다는 체험이 깊어지면서, 농민 스스로 그리고 농민과 함께 근본적인 문제를 해결하려는 조직적인 농민운동이 뿌리를 내리게 된다. 초기부터 열정을 기울인 가농 분회는 농민문제를 해결하기 위해 각종 경제적 협동, 농촌 민주화, 봉사활동, 문화활동의 실천을 주요 과제로 내걸었다. 이곳 분회에 마을 남자 열대여섯 명이 참여하고 있는데, 부부동반을 원칙으로 하니 인원은 그 두 배인 셈이다. 분회가 출범한 뒤 월례회의를 단 한 번도 거르지 않았다 하니 유례가 없을 정도로 탄탄하게 꾸려낸 것이다.

농민운동 한 얘기를 좀더 해달라고 부탁하니 "매일 싸움만 했는데 뭐……" 하며 웃는 선생. 도시의 학생, 노동자들의 투쟁과 다른 점이 있을까, 농민이 본때를 보여야 할 필요가 있을 때는 어찌할까, 궁금하기도 했다.

"싸움은 잘못된 것을 정당하게 시정해달라고 요구하는 것이지 별다른 게 있나요. 만나달라는 데도 이리 빼고 저리 빼고 피하니까 쫓아가서 농성하고 그러지, 미리 계획해서 하는 게 아니에요."

한때 바리케이드를 사이에 두고 살벌한 충돌이 난무하며 전쟁터를 방불케 하는 장면에 익숙한 도시 사람들에게는 먼 이야기처럼 들릴 수도 있겠다. 사리를 따져 묻고 그릇된 점을 추궁하다 상대방의 무성의와 무지를 질타하여 올바른 입장에 서도록 끌어내는 모양새가 입씨름으로 대거리하는 과정과 비슷하달까. 농민적 정서와 지혜가 엿보이는 대목이다. 적당히 물러서서 타협하고 비겁하게 힘에 굴종하는 정치꾼들의 그것과 본이 다름은 물론이다.

어찌 탄압과 회유가 없었을까. 독재권력이 자생적 농민운동의 싹을 방관하는 식무유기(?)를 히 용치 않았으리라.

"자신의 이익이라는 계산을 앞세운 조직은 유신과 5공의 탄압뿐만 아니라 이해관계가 낳은 짧은 안목 탓에 전부 깨져버렸어요. 우린 신앙을 근본으로 삼아 공동체에 대한 자기 헌신과 희생을 마다하지 않았기 때문에 살아남을 수 있었던 거요."

아마도 이처럼 마음 깊은 곳에서 우러나는 신심이 가장 큰 힘이 되었겠지만, 그것이 굳은 마음 하나만으로 그리할 수 있었겠는가. 그 믿음도 튼실한 대중적 기반이라는 뒷받침이 있고서야 비로소 현실적인 위력을 가질 터인데……. 주민들과 더불어 일상적으로 건강교육, 의료봉사와 같은 생활상의 요구를 해결할 뿐 아니라 시청료 거부운동, 수세거부운동 등 권익쟁취 활동이 승리하는 성과를 만들어가면서 신뢰와 지지를 두터이 쌓았다. 한 예로 수세 거부운동은 한 단보(3백 평)당 나락 30킬로그램을 내던 것을 2년 전부터 5킬로그램으로 줄였고(사실 이마저도 납세를 거부했지만), 이제 금년부터는 폐지시키기에 이르렀다. 흑백 TV 시절부터 시청료는 내본 적이 없다. 공영방송이 농민을 오도하고 광고료까지 챙긴다는 이유로. 이런 성공적인 사례는 전국적으로도 희귀한 경우라 한다.

그냥 논밭 매고 씨뿌리는 것만이 농사가 아니며, 가뭄과 병충해 막는 것이 다가 아닌 것이다. 농정의 파행과 관료주의 및 외국 농산물이라는 괴물까지 막아야 하는 게 농민이요, 그래야 제대로 대접받을 수 있는 세상인 것이다. 이런 경험이 주민들의 지지와 단결을 이루어내어 도로 구획, 방제계획, 농정관계 등에서 일선 관료주의의 경직된 통제가 무력화되고 만다.

"주민들이 억울하다 싶으면 가농으로 오니까 농촌지도소뿐 아니라 의성 경찰서에서도 아무 말 못해요. 이곳에서 관청과 경찰의 횡포는 상상도 못하지요. 선거 때가 되면 여당 찍으라고는 안 할 테니 제발 입만 다물어달라고 사정할 정도고요."

주민들의 자치역량이 지역 행정권력의 영향력을 압도하는 통쾌한 일이 아닐 수 없다. 선생은 고단한 농사꾼으로 살면서 이렇게 농민권익 옹호투쟁을 통해 마을공동체 주민의 민주적 자치역량을 키워나가는 데 교육자로서, 지도자로서 큰일을 했다.

생명공동체 운동으로, 본연의 자리로 돌아가기

선생은 1970년대와 80년대를 거치는 동안 정부의 농정 실패를 심판하는 활동의 일선에서 헌신했다. 그러다 1987년 민주화운동의 성과로 전국농민회총연맹이 결성되면서 정책투쟁의 중심이 이 단체로 옮겨가는 전환기를 맞이한다. 정책 활동은 농민을 비인간화하는 구조적 모순을 지양하고 권익을 실현하는 활동으로서 반농민적 지배에 저항하며 마을 자치역량을 키우는 민주화 활동을 전개하는 것이다. 그렇다면 80년대 말 생명운동으로 전환한 것은 운동 과제와 목표가 바뀌었음을 의미하는 것일까 하는 의문이 들 수 있다.

"가농운동은 생산자인 농민만이 잘살자는 게 아니라 농민이든 비농민이든, 그리고 나아가서는 사람만이 아닌 자연을 포함한 모두를 살리는 방향으로 운동을 해보자는 것이지요. 그런 의미에서 생명운동은 본연의 임무라고 할 수 있어요. 신앙의 근본 자리는 생명의 살림에 있다고 믿는 것이지요."

사람과 만물 하나하나에 하느님이 깃들여 있다고 믿고, 그 하느님의 존재가 온전히 살아나도록 모시고 돌보는 행위가 바로 신앙인즉, 생명운동을 교회 용어로 말하면 복음운동, 예수운동일 것이다. 그러기에 하느님은 무소부재(無所不在)하시다 하지 않았는가.

구조적 모순이 '세상의 죄'라면 땅을 죽이고 식탁을 죽이는 것은 '나의 죄'라고 이해할 수 있을 것이다. 따라서 생명운동으로 '전환'한 것이 아니라 본래의 운동 목표로 '돌아왔다'고 해야 적절한 표현일지 모르겠다.

선생이 참여하는 쌍호공동체도 지리적으로 같은 마을이라는 한 공간에 자리한 단위이지만, 다른 한편에서는 지역을 뛰어넘어 가농, 전농, '생명의 공동체' 조직과 유기적으로 관계 맺고 있다. 마치 씨줄과 날줄이 만나 단단히 조여져서 상하와 좌우가 균일한 옷감이 짜이듯이, 전국적인 동시에 지역적이며, 농정 일반에 대응하면서도 일상 생활의 요구를 실현하고, 정치권력에 맞서면서도 자치역량을 키워나가는 것이 바로 생명운동의 큰 틀에서 이루어진 것이라는 데에 공감했다.

　생명공동체 운동이 본격화되면서 무농약 농사를 처음 시작했는데 올해로 12년째이다. 지금은 논 5천 평과 밭 2천 평(그 중 사과 1천6백 평)을 농사 짓고 있다. 사과 농사의 경우는 부분적으로 농약을 안 칠 수 없어 저농약을 실시하는데, 아직까지는 완전한 유기농을 하는 데 가장 큰 어려움인 노동력의 한계를 극복하는 데에도 일정한 제한이 있을 수밖에 없는 것 같다. 그렇더라도 우선 공동체 내에서 유기농과 저농약 농산물을 철저하게 검증하여 분리함으로써 소비자의 신뢰를 받고 있다.

　논농사 5천 평을 두 내외분이 짓기는 보통 벅찬 일이 아닐 것이다. 그래서 오리 농법, 우렁이 농법, 쌀겨 농법을 두루 하게 되었고 각각의 장단점에 대해서도 체험으로 알고 있다.

　"오리 농법은 우선 날짐승, 들짐승이 채 가는 경우가 많아 관리가 부담이 되지요. 오리는 제초, 제충 작업을 곧잘 하지만 정작 나락이 필 때

오는 멸구를 방제하지 못해요. 오리가 나락을 먹기 때문에 빼버리거든요. 게다가 오리는 익충인 거미까지 마구 먹어버리기도 하고.

쌀겨 농법은 물위에 뿌려 쌀겨의 기름과 쌀겨 자체가 포장효과를 발휘해서 잡초를 막아주고 나중에는 거름도 되는 일석이조 효과가 있지만, 뿌리는 양을 조절하기가 여간 까다롭지 않아요. 제 경험으로는 단보당 50킬로그램이 적당할 듯 싶지만 감으로 조절할 수밖에 없어요.

가장 무난한 게 우렁이 농법인데 이는 모를 최대한 키워서 심어주어야 하며, 물을 많이 대주고 온도 조절에도 신경을 써야 우렁이가 생존할 수 있지요. 그러나 피에는 우렁이도 소용이 없어요. 게다가 유기농은 해를 거듭할수록 풀이 더 많이 나니 산너머 산이에요."

농사를 짓는다는 것은 풀을 뽑는 일이기도 하다. 병해 걱정은 별로 없는데 제초작업이 문제라는 것이다. 이것은 곧 노동력의 문제이기도 하다. 원래대로의 생태질서에 잘 부합해야 한다지만 그것이 말처럼 쉬운일은 아닐 것이다. 이처럼 생태적인 방법일지라도 조금만 인위적 요소가 들어가면 자연과 조화되기 어려우니 섬세한 감각과 정성 어린 마음이 필요한 일이다. 조화보다는 파괴가 훨씬 간단하고 손쉬운 일임이 분명하다. 농약 4천 원어치면 30명의 일을 대신한다니 말이다.

그만큼 유기농사는 돈 더 벌어보겠다고 하기에는 어림도 없을 뿐더러 사명감과 더불어 그보다 더 큰 신심을 가져야 한다고 선생은 거듭 강조하면서, 개인과 단체가 교육하는 것 가지고는 한계가 있으며 종단(宗團)의 역할이 중요함을 역설한다. 아마 체험으로부터 생명에 대한 영성적인 깨달음과 믿음이 생명농업을 실천하는 힘의 원천임을 자각한 것일 게다.

"유기농이란 게 너무 힘들고 어려워. 농민으로서 긍지는 있지만 힘들어."

30여 년을 농사 지어온 이의 속내이다. '생명을 살리는 농업', 이 얼마나 고귀한 가치를 담은 행위인가. 하지만 말로 하기에는 고상할지 몰라도 그 얼마나 험한 노동과 마음 졸이는 고뇌와 피땀어린 정성을 요구하는가. 그렇다고 세상 사람들은 이를 찬양하고 박수 쳐주기는커녕, 무관심과 시기와 폄하의 눈길로 바라보는 이가 더 많지 않은가. 서서히 노후 걱정을 해야 할 연세에 농촌에서 살기에 지치지는 않았을까.

"아, 그래도 아웅다웅하며 살지 않아도 되고, IMF가 아니라 그 할아버지가 터져도 내 먹을 것은 있는 게 농촌이거든. 농사만큼 맘 편한 것이 있나?"

이 말 한마디만큼 천상 땅에 뿌리박고 뼈를 묻을 농민임을 더 잘 드러낼 수는 없을 것 같다.

생명농업을 이어가는 또 다른 주체 - 도시와 소비자

쌍호공동체는 대도시 소비자들과 연대하고 있는 여러 공동체에 생산물을 공급한다. 농산물만이 아니라 된장, 간장, 두부 등 일차 가공한 식품들도 납품함으로써 도농간의 공생을 도모하는 것이다. 생명에 대한 생산자의 각성도 중요하지만, 이제는 소비자의 역할이 중요해진 시대이니만큼 어쩌면 이들의 각성이 더 큰 의미를 갖는다고 본다. 소비자가 쌀에 벌레 나온다고 탓하고 눈으로 보기에 깨끗하고 보기 좋은 것만 찾으니, 출하하기 전에 싱싱하게 유지한다고 농약 뿌리는 사태마저 벌어지는 것이라고 한다. 농약 치는 농민보다 그 농산물을 먹는 소비자가 오히려 더 많은 농약을 먹고 있을지도 모를 일이다. 이런 점에서 선생은 "도시 사람들이 더 불쌍해요" 하고 혀를 찬다.

도시 소비자가 요구를 바꾼다면 생산자인 농민은 훨씬 쉽고 빠르게 농약에서 탈피할 수 있다는 전망은 너무 안일하기만 한 것일까. 그렇다면 결국 소비자와 생산자 모두가 피해를 입는 이런 악순환은 어디서 끝을 낼 수 있는 것인가.

그것은 아마도 선생의 쌍호공동체가 보여주었듯이 마을공동체의 살림에 있을 것이다. 소박하게나마 생각하건대, 농촌이 정직하게 농사 지어 먹을거리를 제공해주고 도시는 그가 애써 땀흘린 만큼 보답해주는 관계, 자본과 상품의 논리를 걷어내고 사람과 사람으로 만나는 관계가 그 해답이 아닐까 싶다. 도시와 농촌의 작은 마을들이 각각 생활공동체로서 더불어 살기를 이루었을 때에야 비로소 진정한 연대, 공생의 집을 지을 수 있을 것이다.

마지막으로, 귀농하는 젊은 세대에게 들려주고 싶은 이야기를 부탁하니 조심스럽게 말문을 연다.

"농사나 지어볼까 하는 마음으론 절대로 되지 않지요. 그건 회피나 도피에 지나지 않아요. 무엇보다 농사에서 진정한 가치를 찾아서 하는 일이어야 하고, 여기서 재미와 보람을 느낄 수 있어야 해요. 그리고 최소한의 경제 생활도 기꺼이 받아들여야 해요. 예전엔 나무로 불 지피고, 물 퍼다 먹고, 먹을 쌀 나오고 하니 돈 없이도 살 수 있었지만, 요즘은 사는 데 돈이 모자랄 정도예요. 그러니 더욱 식생활비도 교육비도 최소화해야 살림을 도모할 수 있단 말이에요."

　'일하는 사람은 아끼는 사람이다' 라는 말이 기억난다. 아끼는 사람은 자연히 많이 가질 수 없으니, 이것이 생태적 삶과도 통하는 것이리라.

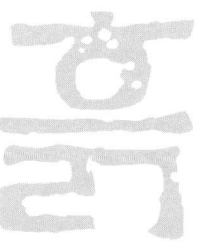

제2부

작물은 농부의 발소리를 들으며 자란다

하늘의 기운으로 농사 짓는 생명의 농사꾼

—전남 벌교의 '벼 박사' 강대인 선생

하늘의 기운을 받아들이며 짓는 농사

무릇 농사란 하늘과 땅이 지어주는 것이라 했다. 사람이란 단지 자연의 이치에 따라 사는 자연의 심부름꾼과 같은 존재일 뿐이다.

"농(農)이라는 글자를 자세히 들여다보면 '별 신(辰)' 자에 '노래 곡(曲)' 자가 합쳐진 말임을 알 수 있습니다. 말하자면 별의 노래라는 게 농의 뜻인데, 하늘의 메시지라고 보면 됩니다. 그래서 농부란 하늘의 뜻에 따라 농사를 짓는 사람인 것입니다. 그러나 그 뜻이 저는 그렇게 추상적이라고만 보지 않습니다. 하늘의 메시지란 다르게 보면 하늘의 기운입니다.

그럼 하늘의 기운이 어디에서 오겠습니까? 우주에서 오죠. 우주는

선생에게 볍씨는 인간과 다를 바 없는 귀한 생명이다. 올해 농사의 종자로 쓸 볍씨를 선생은 늘 직접 맨손으로, 아니면 이처럼 한쪽 발의 고무신으로 다듬는다. 사람도 어릴 때 충격을 받으면 평생 약하게 자라듯이, 벼 또한 어릴 때 충격을 받으면 논에서 약하게 자라게 된다. 거기에다 질소 비료만 잔뜩 퍼부으니 웃자라 태풍만 오면 다 쓰러질 수밖에 없다.

수많은 별들로 이루어져 있습니다. 그 별들로부터 지구에는 수많은 우주선(宇宙線, 우주에서 날아오는 입자선)들이 온다고 하지 않습니까? 물론 단지 우주의 기운이 그런 우주선만을 뜻하는 것은 아닙니다. 전체적인 기운과 영향 관계를 함께 보아야죠.

예를 들면, 태양계에선 태양만이 아니라 태양계를 이루는 모든 별들이 지구에 영향을 미칩니다. 화본과(禾本科)에 속하는 벼 같은 경우는 목성의 영향을 많이 받습니다. 그런데 대나무와 갈대도 화본과에 속하여 마찬가지로 목성의 영향을 받습니다. 그래서 논에다 대나무잎이나 갈대로 퇴비를 만들어 넣어주면 좋습니다."

농부의 아들로 태어나 어릴 때부터 농사를 지어온 전남 벌교의 강대인 선생(51세)은 무농약 유기농사를 20년 넘게 지어온 사람이다.

그 중에도 특히 벼농사에 많은 연구와 노력을 기울여, 지금은 '벼 박사'라 일컬어질 정도로 유기농업 쪽에서는 '벼' 하면 '강대인'으로 통하고 있다. 물론 밭도 한 1천5백 평 정도이지만 거의 자급용 농사이고 벼논만 1만 평 규모가 된다. 그가 생산한 쌀은 모든 환경 품질인증을 받고 출하되고 있다.

그가 주로 쓰고 있는 농법은 이른바 바이오다이내믹 농법(생명동태농법)이다. 바이오다이내믹 농법이란 앞에서 말한 것처럼 우주의 기운에 따라 짓는 농사법으로 독일의 루돌프 슈타이너라는 사람에 의해 만들어진 것이다. 그러나 강대인 선생은 하늘의 기운에 따라 짓는 그런 농사법은 이미 오래 전부터 우리 조상들이 일상적으로 써왔던 것이라고 한다.

"옛날 우리 선조들은 날을 받아서 파종을 하고 그랬습니다. 그래서 파종할 때 작물은 별들의 영향을 많이 받는데 음력으로 1일에서 15일 사이에 하는 게 좋다고 했습니다. 15일 이후에 파종하면 작물에 병이 잦습니다. 사람도 이 시기에 태어난 사람은 보통 외향적이고, 15일 이후에 태어난 사람은 내향적인 경우가 많습니다. 수확할 때는 반대로 음력 29일, 30일에 해서 저장하는 게 좋습니다. 사주팔자라는 게 다 별들의 운행에 따라 정해지는 것인데, 사람만이 아니라 작물에도 사주팔자가 있는 것입니다. 앞에서 말한 것처럼 작물들도 별들의 영향을 받는다는 것이죠. 대개의 작물은 발아할 때 거의 모양이 같았다가 자라면서 점차 자기 모양을 만들어가는데, 각자 자기에게 영향을 주는 별들이 다르기 때문입니다.

그리고 저는 논둑에다 대나무를 정삼각형 꼭지에 해당하는 세 곳에 꽂아놓고 위에다 깃발을 답니다. 삼각형은 기를 잘 받아들이는 모양이고, 깃발을 다는 것은 기를 더 세게 받아들이려는 장치입니다. 그것도 그냥 아무거나 달아도 좋지만 저는 봄에는 청색, 가을에는 노란색 깃발을 답니다. 계절의 색깔을 고려한 것이죠. 옛날에는 논에 기를 불어넣기 위해 버드나무도 심었다고 합니다."

선생이 대나무를 논에다 꽂을 생각을 하게 된 데에는 조금은 재미난 사연이 있다. 풍수지리를 보통 사람들은 조상들 무덤 자리나 집터를 볼 때 쓰는 방법이라 생각하지만, 강대인 선생은 작물이 자라는 논밭에도 풍수지리가 통한다고 생각했다. 풍수지리도 어떻게 보면 우주의 기운을 잘 받아들이는 지형의 의미를 가질 수 있기 때문이다.

"저와 똑같은 방법으로 벼농사를 짓는 이웃이 있는데, 이상하게도 그 논의 벼는 제 것보다 미질도 좋고 수확량도 많이 난단 말이에요. 그 이

유를 알 수가 없어 그 논에 가서는 쭈그리고 앉아 생각해보았죠. 한참 동안 그러고 있는데, 그 자리가 상당한 명당이라는 게 한눈에 들어오는 겁니다. 아, 이거구나! 하고 집으로 돌아와서는 왜 명당 자리는 농사도 잘 되는가를 곰곰이 생각한 거죠. 명당이 왜 명당이겠습니까? 그것은 바로 자연과 우주의 기운이 다른 데보다 잘 모이는 곳이기 때문이죠.

그럼, 제 자리는 별로 명당 자리가 못 되니까 따로 우주의 기운을 빨아들이는 안테나 장치를 해야겠다고 생각하고서 대나무를 갖다 꽂은 겁니다. 대나무는 벼가 좋아하는 규소를 많이 갖고 있고, 또 같은 화본과라 벼에 필요한 기운을 받아줄 것이라고 생각한 겁니다. 사람들은 제가 이 말을 하면 잘 믿질 않아요. 그러나 제가 그렇게 해보고서 성과를 보았는데 어쩔 겁니까?"

벼와 대화하며 농사 짓는 농부

옛말에 '작물은 농부의 발소리를 들으며 자란다' 고 하는 말을 강대인 선생은 그 말 그대로 믿으며 농사를 짓는다. 벼도 하나의 독립된 생명체이기 때문에 자신을 키워주는 주인을 정확히 알아본다는 것이다. 그래서 그는 아침마다 논을 둘러볼 때는 둑을 따라 모든 벼들에게 박수를 치며 하루를 시작한다. 박수가 논에게 하는 인사인 것이다.

"농법이란 농사 짓는 기술을 말합니다. 그런데 농사에서 기술이란 단지 수단일 뿐입니다. 농사는 기술로만 짓는 게 아닙니다. 마음이 중요하죠. 농사는 하늘과 땅이 짓는다고 하잖아요. 사람이 쓰는 기술이란 아주 극히 일부에 불과하다는 겁니다. 그럼 하늘과 땅, 곧 자연의 이치와 한마음이 되는 게 중요한 겁니다. 다르게 말하면 벼와 한마음이 되는 것입니다. 저는 파종할 때는 절대 초상집에 가질 않습니다. 초상집에 갔다온 사람 마음이 밝을 수 없죠. 그런 우울한 마음이 볍씨에 전달되는 겁니다.

저는 논에 나가면 벼들에게 박수를 치든, 말로 하든 다 인사를 합니다. 반드시 모든 벼들을 둘러보며 인사를 해야 합니다. 그럼 벼들이 좋아라 해요. 그건 체험과 직관으로 아는 겁니다. 그 전만 해도 저도 논에 나가면 한쪽만 둘러보고 그랬습니다. 그런데 나중에 보니까 제가 자주 들른 곳의 벼는 잘 되었단 말이에요. 그래서 벼가 농부의 발소리를 듣고 자란다는 조상님들의 말을 깨닫게 된 겁니다.

다음해에 심을 볍씨를 거둬들일 때에도 되도록 낫으로 베고, 볍씨를 훑을 때에도 홀태로 해서 직접 손으로 훑어주어야 합니다. 콤바인으로 강타해버리면 사람도 어릴 때 받은 충격이 평생 가듯이 볍씨도 그에 충격을 받아 병에 걸리기 쉽습니다."

사람도 어릴 때 어머니의 사랑이 담긴 밥을 먹고 자라야 정서도 건강하고 인격을 고루 갖출 수 있다고 했다. 비행 청소년들이 대개 어릴 때 인스턴트 음식을 먹고 자란다는 말도 다 그런 이유 때문인 것이다. 마찬가지로, 벼를 키우는 농부의 마음이 찌들어 있다면 그 벼가 건강하게 자랄 리 만무한 것이다. 농약을 치지 말아야 하는 이유도 거기에 있다. 독한 농약을 자신도 마셔가며 작물에 뿌려주는 농부의 마음이 고울 리가 없는 것이다.

"평화(平和)라는 말이 있죠. 거기에 화(和) 자를 보십시오. '벼 화(禾)' 에 '입 구(口)' 가 합쳐진 말입니다. 쌀이 입으로 들어간다는 말인

아무리 흙이 중요하다지만, 농사는 흙만 알아서는
부족한 일이다. 하늘의 변화를 함께 알아야 어느 정
도 제대로 된 농사를 지을 수 있다. 그래서 무릇 농
사란 하늘과 땅이 짓는 것이라고 했다. 선생은 그런
하늘의 존재를 흙과 흙의 생명들만큼 똑같이 귀하게
여긴다. 서양의 바이오다이내믹 농법 또한 바로 그
런 철학에 기반한 것일 터인데, 그러나 선생은 이미
오래 전부터 우리 조상들이 다 해오던 농법이자 철
학이었다고 생각한다. 그렇게 조상들의 지혜를 탐구
하다 보니, 선생은 지금도 새벽하늘의 구름 모양만
보고 며칠의 날씨 변화를 예측하곤 한다.

데, 그 쌀을 평등[平]하게 나눠 먹어야 평화가 온다는 겁니다. 그래서 농부는 평화를 짓는 사람이 되는 겁니다. 그런데 쌀을 골고루 나눠 먹는 것도 평화지만, 어떤 쌀을 먹느냐도 중요합니다. 농약과 비료에 찌든 쌀에서 평화가 올까요? 또 상업주의와 농약에 찌든 농부의 마음에서 평화가 올까요? 우리 조상들은 먹거리가 제일 훌륭한 보약이라 해서 밥을 불사약(不死藥), 반찬을 불로초(不老草)라 했습니다. 의성(醫聖) 히포크라테스도 음식으로 고치지 못하는 병은 의사도 못 고친다고 하지 않았습니까. 그런데 그런 먹거리가 이미 오염되어 있다면 불사약, 불사초는커녕 우리의 몸과 마음을 망치는 게 되는 겁니다."

자연에 가깝게 자란 것일수록 그 생명은 건강하다. 가축들도 영양 사료를 먹여 키운 것보다 천연 사료를 먹고 자란 게 더 맛이 있다. 물고기만 해도 양식한 것보다 자연산 고기가 더 비싸다. 동물도 이러한데 하물며 사람 몸이야 어떻겠는가? 아마 식인종이 있어 우리 몸을 먹는다면 "옛날이 좋았어" 하며 반찬 투정(?)을 하고도 남을 일이다. 도시 사람의 똥은 거름으로도 못 쓴다고 할 정도로 우리는 방부제와 농약으로 가득 찬 먹거리를 먹으며 산다. 다 죽은 생명의 기운을 먹으며 사는 것이다.

유기농사의 핵심 노하우는 종자 개량

유기농사에서 중요한 것은 종자에 있다. 아무리 유기농사로 땅을 살리고 벼의 자생력을 키운다 해도 종자 자체에서부터 문제가 있으면 원하는 결과를 얻을 수가 없다. 문제 있는 씨앗에서 제대로 된 열매가 나올 수는 없는 것이다. 특히 강대인 선생은 20년 넘게 유기농업으로 벼농사를 지어오면서 육종과 미질 향상에 깊은 관심을 가지고 농사를 지어 이제 밥맛 좋은 다양한 품종의 쌀을 개발하기에 이르렀다.

"무농약으로 처음 농사를 짓기 시작해서 병충해와 잡초와 싸우며 고생고생 끝에 처음으로 수확을 거두게 되었죠. 그래서 내가 유기농으로 쌀을 생산했다는 말이 퍼져 한 소비자가 직접 연락해 쌀을 사갔는데, 아 글쎄 밥맛이 왜 이 모양이냐며 반품하겠다는 것 아니겠어요? 아무리 무농약 쌀이라고 하지만 벼멸구가 먹은 쌀인데다 맛도 좋지 않은 통일벼 종자로 지은 쌀이니 당연한 일이었죠. 어떻게 해서 지은 쌀인데 이렇게 무시를 당하다니 하는 억울한 마음도 들었지만, 다시 마음을 가다듬고 내가 직접 유기농에 맞는 종자를 개발하기로 한 것입니다."

농약이나 화학비료에 길들여진 종자를 갖다가 유기농법으로 지으니 결과는 뻔한 이치였다. 농사라는 것은 자연을 잘 이해하지 못하면 할 수 없는 일이다. 결코 사람의 인위적인 노력만으로 될 수는 없다. 그래서 선생은 벼의 생리를 잘 이해하여 그에 맞게끔 농사를 지어야 한다고 주장한다.

"모와 벼는 엄연히 다른 것입니다. 논에 심어졌다고 해서 무조건 벼가 아니죠. 모는 보통 예닐곱 잎이 달립니다. 첫잎이 나오는 데에 하루에서 이틀, 두 번째 잎은 이틀에서 사흘, 그리고 예닐곱 잎 때부터 열흘 걸리는데 이때부터 벼가 되는 겁니다. 그래서 우리 선조들은 여섯 잎이 날 때 뿌리를 잘라줘서 모내기를 했어요. 뿌리를 잘라주면 키도 막 크지 않고 튼튼해지거든요. 그런데 지금은 어쩝니까? 열흘도 안 된 8일 모를 이앙기로 해서 자극도 주지 않고 그냥 막 심어버린단 말이에요.

그러니 벼가 막 커버려서 바람에도 잘 쓰러지고 병에도 약하죠. 벼가 흐물흐물거리고 키가 크면 미질은 좋지만 수확량도 적고 병에도 약해요. 그러니까 적당히 성장시키는 게 중요한 겁니다. 그래서 원래 미질이 좋으면 병에 약하고 수확량도 적은 반면, 병에 강한 종자는 맛이 없어요. 자연은 한꺼번에 인간에게 두 가지를 다 주지 않는다고 하잖아요. 나머지는 그런 이치를 잘 이해해서 사람이 노력해야죠.

나도 좋은 종자를 만들기 위해 교배도 시켜보고 좋은 것을 구하기 위해 서해안 외딴섬까지 찾아가보았지만, 이미 오래 전에 우리나라에는 토종 종자가 사라져버렸어요. 그러다 혹시 일본에 가면 구할 수 있을지 모른다는 생각이 든 거예요. 옛날에 일본이 우리에게서 종자를 구해갔으니 그것을 다시 얻어다 우리 토양에 맞게 잘 육종하면 되겠다 싶었던 거죠."

원래 우리 선조들의 농법은 매우 선진적이어서 일본으로도 전해지고 중국 일부에까지 역으로 전해질 정도였다고 한다. 그러나 오랜 세월 동안 사농공상(士農工商)의 유교사회와 식민지 시대 그리고 공업화를 추진했던 6, 70년대를 거치면서 전통 농법은 완전히 밀려나고 이제는 토종 종자조차 다 사라져 종자 수입국으로 전락해버린 것이다.

그래서 강대인 선생은 옛날 우리 선조로부터 퍼져간 종자의 후손들을 중국과 일본에서 구해다 우리 토양에 맞게 계속 육종·개량하기로 마음먹었다. 우리 토양에 맞는 것을 개발하다 보면 우리 토종에 근접한 종자를 얻을 수 있을 것이라 생각한 것이다. 그래서 많은 시행착오와 노력 끝에 개발한 종자가 지금은 이른바 '대인·정농 1호'부터 해서 대략 80여 종에 이른다고 한다.

쌀에도 오행의 원리처럼 다섯 가지의 색깔이 있다

종자를 교배해서 새로운 종자를 얻는 일은 마치 하나의 예술과도 같다. 벼라는 생명과 교감하여 새로운 생명의 씨앗을 만들어내는 일은 그 어떠한 아름다움을 창작하는 예술보다도 더 신비로움을 주기 때문이다. 그 중에서도 가장 묘미가 있는 것은 색깔 있는 쌀을 만드는 일이다.

"쌀도 오행(五行)의 원리에 맞게 제 색깔들이 다 있어요. 동서남북 사방과 중앙이 있듯이 동에 해당되는 청색의 녹미(綠米)가 있고요, 서에는 백색으로 우리가 매일 먹는 백미가 있고, 남에는 적색의 적미, 북에는 흑색으로 흑미, 그리고 중앙에는 황색의 현미가 있죠. 그런데 현미의 현(玄) 자가 무슨 뜻입니까? 바로 '검을 현', 곧 검다는 뜻입니다. 그래서 쌀 중에서도 검은 쌀(흑미)이 진짜 쌀이라는 말이 됩니다."

오색의 모든 쌀은 다 제 나름의 약효를 갖고 있다. 그 중에 흑미, 검은 쌀은 『동의보감』에 따르면 신수(콩팥)를 좋게 하여 남자는 정력에 좋고 여자는 피부에 좋다고 한다. 보통 '신수가 훤하다'는 말은 얼굴색이 좋아 건강해 보인다는 뜻인데, 바로 흑미가 그런 효과를 준다는 것이다. 소갈증(당뇨병)에도 좋은 흑미는 기름에 볶아 차(茶)로 먹어도 좋고, 매일 한 숟가락씩 밥에 넣어 함께 지어먹으면 밥이 거메지고 진한 향기에 찰기가 더해져 밥맛이 좋아진다. 특히 유기농으로 지은 흑미에는 암 예방에 좋은 셀레늄 성분이 많이 포함되어 있다고 한다.

흑미만이 아니라 앞의 네 가지 색깔의 쌀도 직접 종자를 미질 좋은 것과 교배하면서 만들었는데, 이 또한 우리 것은 진작에 사라져 일본과 중국에서 구해왔다고 한다. 그러나 이러한 쌀들의 약 효과에 대해서 『동의보감』에 자세히 나오는 것을 보면 우리 조상들이 이런 농사를 지었다는 것은 확실한 일임에 틀림없다.

농약 대신에 쓰는 백초액은 건강식품으로도 훌륭해

다음으로 강대인 선생의 유기농법 중에 특이한 것은 야채 효소라는 백초액(百草液)을 농약 대신에 뿌려주는 것이다. 백초액은 산나물과 무공해로 재배한 채소, 열매 그리고 영지버섯과 돌김, 미역, 파래 등 해초까지 약 70여 가지를 흑설탕에 버무려 2년 이상 숙성시킨 것으로 농약 대신에 살포해서 작물의 병충해 예방 능력을 키워준다.

야채 효소 중에서도 선생의 백초액은 바다 해초류까지 포함해 70여 가지 이상을 발효시킨 점에서 기존의 다른 것들과 큰 차이가 있다. 뿐만 아니라 비타민, 미네랄, 유기산류 등 천연 효소를 다량 함유하고 있어 사람 건강에도 매우 좋은 백초액은 그 효능이 널리 알려져 많은 사람들에게 건강 식품으로도 팔리고 있다.

처음엔 주변에 아는 사람 위주로 이윤도 남기지 않고 싼값에 공급했는데, 이제 찾는 사람들이 많아져 '우리원 식품'이라는 회사도 열고 '백초액'이라는 상품등록까지 해서 판매하고 있다.

선생이 백초액을 개발하게 된 데에는 남다른 사연이 있다. 농사를 지으시던 아버님이 싣고 가던 농약을 자신의 다리에 엎지르는 바람에 농약 중독으로 돌아가신 이후 가업을 이어받은 선생은 자신은 절대 농약으로 농사를 짓지 않겠다고 결심했다 한다. 그렇게 무공해 농약을 개발하기로 마음먹은 후 유기농사를 짓는 사람들 모임인 '정농회'를 찾게 되었고, 거기서 야채 효소라는 건강 식품을 알게 되었다.

그런데 아버님이 보시던 농서를 공부하던 중에 산과 들에서 나는 산야초들을 썩혀 살충제로 쓰면 효과가 있다는 것을 알게 되었다. 어릴 적에 할아버지로부터 해초 삶은 물을 쓰면 방충에 좋다는 말을 들은 기억도 떠올랐다. 그래서 선생은 기존의 야채 효소에다 산야초와 해초까지 더하여 백 가지 채소들을 첨가한 '백초액'을 만들어 이를 자신이 먼저 단식용으로 시식하면서 실험해보았다. 사람에게 좋은 것은 벼에도 좋을 것이고, 사람에게 나쁜 것은 벼에도 나쁠 것이라 생각했기 때문이다.

지금도 강선생은 근처 산에다 만들어놓은 자신의 토굴에서 겨울마다 보름 이상씩 백초액만을 먹으며 매년 단식 기도를 하고 있다. 여하튼 사람에게도 유익하다는 것을 확인하고서 선생은 그것을 자신의 벼에다 농약 대신 뿌려주었다. 그리고 기대했던 대로 '백초액'을 뿌려준 벼는 병충해에 강해지고 있음을 확인할 수 있었다.

유기농업으로 마지기당 1톤 생산을 목표로

농약과 화학비료에 의존한 이른바 근대 농법은 수확량 면에서 농업 혁명을 이루었다. 그러나 쌀의 미질은 관심 밖이었다. 1970년대에 유행했던 통일벼가 전형적이다. 더욱 큰 문제는 그 다음에 찾아왔다. 농약과 화학비료에 의해 땅은 산성화되어 죽어버렸다. 쌀의 미질은커녕 쌀 자체가 심하게 오염되어갔다. 통일벼의 매우 약한 생명력이 심각해진 것이다. 수확량은 많았지만 병충해에 매우 약해 농약을 많이 쳐야 했고, 더불어 더 이상의 생산량 증대조차 불가능해졌다. 어떻게 보면 이전부터 땅이 살아 있었기 때문에 농약 농법이 통했는지도 모른다.

그러나 땅이 살아 있고 종자만 계속적으로 개량된다면 근대 농법의 한계를 얼마든지 뛰어넘을 수가 있다. 말하자면 양도 많고 질도 좋으며 벼의 생명력도 높은 종자 개발이 가능하다는 것이다.

"자연은 두 가지를 다 주지 않는다고 했죠. 즉 수확량이 많으면 미질이 떨어지고, 미질이 좋으면 수확량이 적습니다. 나머지는 사람이 해야죠. 예를 들면, 일본에 고시히카리라는 종자가 있는데 앞으로는 이놈만큼 미질이 좋은 것은 나오지 않을 거라고 할 정도로 매우 뛰어난 종자예요. 그런데 이놈은 바람에 약해 잘 쓰러지고 도열병에도 너무 약하거든요. 그런 약점 때문에 일본 정부에 의해 폐기되고 말았는데 농민들이 이를 해결해버린 거예요. 그렇게 사람의 노력이라는 몫이 따로 있다는 것입니다. 나도 이놈을 얻어다 심어보았지만 마찬가지로 잘 쓰러져요. 우리 토양에는 잘 맞지 않는다는 거죠.

내가 아는 일본의 한 농부는 마지기당(3백 평) 2톤을 수확합니다. 그런데 절대 그 비밀을 알려주지 않아요. 보통 관행농법으로 잘해야 다섯

가마 소출하는 것을 볼 때 놀라운 일입니다. 저도 작년에 마지기당 예닐곱 가마 소출했는데, 드디어 올해는 1톤짜리 볍씨를 개발했어요. 그런데 그걸 어떻게 했느냐 하면, 한마디로 감입니다. 직관이죠. 그걸 어떻게 말로 설명하기 힘듭니다. 나와 벼만이 아는 비밀이라고 할까요. 물론 올해 심어보아야 알겠지만요. 그러나 이 볍씨를 아무나 갖다 심으면 그 정도 나오느냐 하면, 절대 아닙니다. 그 비밀은 마음에 있는데, 우선 마음이 열려야 해요. 벼와 대화할 수 있는 마음 말입니다. 아마 2톤 수확하는 일본 사람이 비법을 알려주지 않는 것도 알려줄 수가 없기 때문일 거예요."

물론 수확량이 우선은 아니다. 판매만이 목적도 아니다. 농부에게는 자식 같은 생명들이기에 그저 그들과 함께 노는 것(노동)이 좋을 뿐이다. 그걸로 식구들이 따뜻하게 감사한 마음으로 먹고, 또 함께 나눈 이웃들이 행복하면 그뿐이다.

그러나 많은 사람들이 유기농으로 농사를 지으면 수확량이 적다는 선입관을 갖고 있는 게 사실이다. 현재까지는 전체적으로 볼 때 유기농이 일반 관행농보다 생산량이 적기는 하지만, 강 선생의 예에서 보듯이 그것은 결코 진실이 아니다. 유기농을 오랫동안 해온 사람들이 말하듯이, 농약으로 죽은 땅이 다시 살아나면 수확량은 관행농 못지 않은 결과를 낸다. 더 나아가서는 선생처럼 관행농으로는 도저히 쫓아올 수 없는 결과를 낼 수도 있다. 농약으로 땅이 오염되어 있다면, 아무리 비료를 많이 주어도 한계가 뚜렷하다. 오히려 나중에는 수확이 더 줄어든다. 반면 유기농으로 땅이 살아 있다면 그 한계는 별 의미가 없어지고 만다. 때문에 선생의 얘기가 가능할 수 있는 것이다.

무릇 농사는 하늘과 땅이 짓는 것이지 사람이 다 짓는 것은 아니라 했다. 하늘과 땅이 하는 일에 사람은 그저 부분적인 역할을 할 뿐인데, 거기에다 사람의 욕심을 강요할 수는 없는 일이다. 수확량이란 것도 그런 이치에 충실하다 보면 절로 일어나는 것이지, 사람의 인위적인 노력으로 될 수는 없는 것이다. 강 선생의 얘기로부터 우리는 바로 하늘과 땅의 이치에 따르고 그 안에서 스스로 돕는 자를 하늘과 땅은 분명히 도와준디는 진리를 보게 된다.

참된 농사꾼을 기다리며
—충남 부여의 청마공동체 강수옥 선생

생태적 유기농은, 우리 시대의 병폐를 치유하는 가장 근본적인 대안이 무엇이냐를 고민하다 나온 것 가운데 하나다. 그래서 생태적인 유기농은 자급자족형의 농사를 추구한다. 이것이 모든 경우에 다 적용될 수 있는 말은 아니지만, 적어도 우리 농촌의 현실을 생각할 때 많은 이들이 공감할 수 있는 말이 아닌가 한다. 농사의 규모와 농작물의 종류를 정하는 일이 모든 것을 돈으로 환산하는 상품 논리, 이른바 비교우위의 논리에 종속되지 않기 위해서 그것은 필연적으로 가야 할 길인지도 모르겠다. 그렇기에 대체로 유기농을 지향하는 농가의 경우, 비교적 작은 규모의 터전 위에서 식량 자원이 되는 주곡 작물과 기타 부식류 및 채소류를 위주로 하는 사례가 많음을 볼 수 있다.

그렇다고 해서 생태적 유기농이 규모나 작물의 종류에서 반드시 좁은 범위에 한정되는 것만은 아닌 것 같다. 새로운 농법의 개발, 공동체의 경작, 두레를 통한 너른 농지의 이용 등으로 유기농에서 부딪치는 작물 선택의 한계나 노동력의 한계를 극복할 수 있기 때문이다. 그리고 농사 짓는 이가 진정 생명을 사랑하고 이 땅의 생명을 살리려는 마음으로 한다면, 비록 작은 텃밭 수준일지언정 어떠하겠는가.

그런 점에서 강수옥 선생(60세)은 우리의 특별한 관심을 끈다. 일찍이 이 땅에서 참농사의 정신을 추구하며, 끊임없는 재배 기술의 연구를 통해 주곡 작물 외에 딸기 농사에 성공한 흔히 볼 수 없는 분이기 때문이다.

상록수의 꿈

농민의 자식으로 태어나 농민으로 살아가는 선생이지만, 그의 인생 행로가 변화와 굴곡 없는 평평한 길은 아니었다. 이 고장 부여가 선대로부터 내려온 고향이긴 하지만, 선생이 비로소 이곳 초천면 신암리에 정착한 때가 지금으로부터 19년 전인 1982년이라 하니, 그 전사(前史)가 궁금하지 않을 수 없다.

"산골 오지에 들어가 새로운 농경지를 개간하고 그곳 마을 사람들을 계몽해서 함께 살아가는 공동체를 만들어보려고 했어요."

특별한 이념적인 목표가 따로 있었기 때문이 아니라, 푸른 자연을 배경으로 열심히 일하고 행복하게 살아가는 모습을 이상촌으로 그리며 그것을 실현해보고자 했던 것이다. 귀향을 마다하고 대담한 결심을 한

것은 무엇보다도 우선 '농사가 좋아서, 농사를 짓고 싶은' 강렬한 소망 때문이었다고 한다.

그때가 해병대에서 막 제대하고 난 뒤인 1965년이다. 군대 친구의 고향인 정선 지방으로 함께 내려간 곳이 화전민촌이었는데, 당시 화전은 산판(山坂)을 정리하고 난 뒤에 몇 년 동안 묵혀둔 곳을 개간한 밭이다. 거기서 집도 짓고 옥수수, 콩, 메밀을 지었다. 수입이 따로 없어 자급자족할 수밖에 없었는데, 땅이 거칠다 보니 단위 면적당 수확량이 적어서 경지 면적을 넓게 확보해야 했다. 그래도 당시 옥수수 두 가마로 쌀 한 가마를 바꾸었다 하니 요즘에 비하면 꽤 괜찮은 가격이다.

그렇게 고된 농사일을 하면서도 한편으로는 마을에 자그마한 초등학교 분교까지 세우는 일을 해냈다.

"산판 일이 생기면 목도로 목재를 지고 나르는 일로 돈을 모았습니다. 개인적으로 그 일을 서로 하려고 경쟁하면 자연히 품삯도 깎일 것이라 생각하고 공동으로 대응했더니, 다른 곳에 비해 훨씬 많은 품삯을 받을 수 있었습니다. 그렇게 해서 모은 모두의 돈으로 분교까지 설립할 수 있었습니다. 공동으로 일해서 공동 생활을 하자고 했기에 가능했습니다."

기운 넘치는 젊은 시절이라고는 해도 선생이 본래 용의주도하며 강한 의지와 실천력을 가진 분임을 알 수 있다. 또한 손수 학교를 짓는 과정에서 지붕을 삼을 재료가 없어 애를 먹다가 누군가 굴참나무 껍질인 굴피로 지붕을 잇자고 했지만, 껍질을 다 벗겨내면 참나무가 죽게 생겼으니 어찌 그렇게 하겠는가 말렸다 한다.

"그 당시에 무슨 환경보호고 어쩌고 그런 개념이 있어서가 아니에요. 나무 죽는 걸 보면 그렇게 안타까울 수가 없었습니다."

먹고살기 척박한 환경에 놓일수록 당장 오늘이 급한 생존 문제가 앞서 이것저것 가릴 여유가 없는 게 보통이지만, 선생은 손쉬운 선택을 마다하였다. 어찌 보면 작은 일이라 하겠으나, 주어진 환경을 극복하는 실천은 만만치 않은 어려움이 따르는 법이다.

이렇게 피땀어린 노력을 기울였건만 도저히 자급자족을 이루기가 어려워 결국 2년 만에 꿈을 접고, 10년 후에 돈 벌어서 다시 오마 하는 동리 사람들과의 약속을 남긴 채 서울로 떠나왔다.

사회의식에 눈뜨다

1960년대 말에서 70년대 초반에 걸쳐 공장 직공, 회사원 등 여러 일을 전전하게 되는데, 전태일의 죽음이 일어난 그 시기 평화시장 부근이 선생의 삶의 무대를 이루었다. 이때가 삶의 전환기였는데, 당시 사회적 모순이 가장 첨예하게 드러나는 상황을 가까이 겪으면서 새로운 사회의식에 눈뜨기 시작한 것이다. 서른을 전후한 낯선 서울 생활에서 어떠한 변화가 있었을까.

"당시에 뚜렷하게 어떤 조직이나 단체를 표방하고 있진 않았지만, 고향 친구들과 인연이 되어 진보적인 서적을 탐독하고 공부하며 비판적인 의식을 키웠어요. 난 농촌 출신에 학력도 짧았지만 누구 못지 않게 많은 책을 읽었다고 자부해요. 당시 《사상계》를 정기구독하기도 했고, 대학가에서 암암리에 돌려보던 마오쩌둥의 글이나 저항시 같은 지하 출판물들을 돌려보기도 했지요."

이때에 천규석 씨 등을 만나 창녕군 영산면 그분의 고향에 가서 같이 살자는 제안도 받았고, 이것이 나중에 유기농을 하는 계기가 되었다는 사연도 덧붙인다. 더 이상 긴 이야기 없이 짤막하게 회고하였지만, 당시 시대적인 상황과 맞물려 새로운 인간관계 속에서 사회에 대한 안목을 넓혔으리라 짐작할 수 있다. 농학과에 다니고 있는 아들에게, 나중에 농사를 짓더라도 취직을 해서 사회경험을 먼저 해보아야 세상을 안다며 우선 사회적인 눈을 키울 것을 권한 것도 이 당시 선생의 경험에서 비롯되었을 것이라는 생각이 들었다.

지금도 사회에 대한 관심을 놓지 않고 있어서 신문은 물론이요, 《월간 말》, 《작은 것이 아름답다》, 《녹색평론》 등을 구독하고 있으며, 『체 게바라 평전』은 사놓고도 시간이 없어 읽지 못한다고 아쉬워할 정도니 항상 깨어 있는 의식을 가지려고 노력하는 면에서는 젊은 사람 못지 않은 것 같다.

1975년 서울 생활을 접은 뒤, 10년 후에 다시 찾으마 약속한 대로 강원도 정선 땅으로 돌아가 고랭지 배추농사를 한 해 동안 짓기도 했으나, 주로 양봉을 하느라 벌들이 충분히 꿀을 채취할 밀원(蜜源)을 찾아 전국 각지를 돌아다니는 생활을 하게 된다.

"양봉은 나처럼 땅도 돈도 없는 사람이 하기에 가장 좋은 직업이에요. 밀원은 어디 가나 많이 찾을 수 있고 경제적으로도 괜찮은 소득을 올릴 수가 있지요. 그래서 귀농하는 경우 경제적인 여건이 어려운 사람들에게는 양봉을 함께 하라고 권유하고 싶어요."

집도 절도 없이 떠도는 생활이 얼마나 고달프겠는가. 하지만 가진 것이라곤 몸뚱어리밖에 없을지라도 뜻만 잃지 않는다면 반드시 통하는 법인가 보다. 결국 밀원을 찾아다니다 지금 이곳에 정착하는 기회를 맞이할 수 있었다.

딸기 농사로 시작한 유기농

자기 땅 한 평 없던 처지였지만 무상으로 논을 임대받아 딸기 농사를 시작하였다고 한다. 다른 농사가 아닌 딸기 농사를 하게 된 것은 논에서 가을 추수가 끝나면 딸기를 심고 다음 해 모내기 전에 수확할 수 있으며, 연작피해가 전혀 없고, 게다가 딸기에는 퇴비를 많이 주어야 하니 논이 거름져 땅 주인에게도 이득이 되므로 거저 땅을 빌릴 수 있기 때문이다.

한편 딸기를 끝내면 다시 양봉을 시작할 수 있다. 시기적으로 딱 들어맞기 때문에 두 가지를 쉬지 않고 돌아가며 할 수 있어 경제적으로 큰 도움이 되었다. 이것을 기반으로 차츰 자신의 농토를 조금씩 사들이는 자금을 마련하였다고 한다.

이 지역에서 선생이 앞장서서 만든 '청마공동체'는 이러한 딸기 농민을 중심으로 한 작목반이다. 마을 입구에 들어서니 여기저기 한살림 생산 농가임을 알리는 표지판을 많이 볼 수 있었는데, 이 마을에서 현재 열한 농가가 공동으로 한살림에 납품하여 한 해 2억 원 이상의 매출을 올리고 있다. 소비자 호응이 높은 인기 품목이어서 물량이 40퍼센트나 딸릴 정도란다.

딸기는 병충해가 많아서 농약을 많이 쳐야 하는 작물로 알고 있는데 어떨까 싶다.

"요즘에는 품종 개량을 거듭하여 병충해에 강한 좋은 품종들이 많이 나오기는 하는데, 이상하게 갈수록 점점 더 어려워요. 작년에는 진딧물이 어찌나 극성을 부리는지, 도저히 감당할 수가 없어서 할 수 없이 한살림 책임자와 상의해서 약을 쳤어요."

물론 이 사실은 소식지를 통해 공개하고 공식적인 인정을 받았음은 물론이요, 상호 신뢰를 바탕으로 하는 소비자와의 관계에 조금도 누를 끼치지 않았다. 역시 유기농이란 어디서건 몇 배의 고생을 하게 마련인가 보다. 눈 딱 감고 약 한 번만 쳐버리면 그리 쉬운 것을……. 누구라도 갈등을 겪지 않을까.

"우리 집에 벌레가 제일 많아요. 그런데 그게 정상이에요. 식물에 벌레가 오는 것이 당연하지 안 오면 그게 정상이겠어요? 어쩌면 내가 짓는 밭에 벌레가 많은 것이 믿을 수 있다는 증거가 아니겠어요?"

이처럼 농약에 의존하지 않는 가운데 새로운 방제 기술을 고안하였

아주 미남형의 얼굴을 가진 선생에게서 우리는 금방 끼를 느낄 수 있었다. 아마 그 끼 때문에 젊은 날 청운의 꿈으로 방랑의 세월을 보냈으리라. 이상향을 만들 꿈으로 무작정 강원도 산골 오지 정선으로 내려간 일, 다시 서울로 올라와 전태일의 분신투쟁으로 일어난 노동운동을 보며 마오쩌둥과 사회주의를 동경하게 되었던 일, 양봉을 하느라 밀원을 찾아 전국을 돌아다녔던 일, 그렇게 다니다 우연히 찾아든 지금의 터전에서 과감히 유기농에 뛰어들었던 일 등의 파란만장한 삶에서 숱한 곡절을 겪었을 텐데도 선생은 항상 밝고 자신 있는 얼굴을 지우지 않는다.

다. 선생의 딸기밭에는 물을 뿜는 파이프가 두 줄로 깔려 있다. 하나는 비닐 피복 밑으로 설치하여 땅에 수분을 공급하고, 또 하나는 그 위로 나와 있어 수압으로 물을 뿜어 올려 해충을 방제한다. 장마 때가 되면 진딧물이 전혀 없다는 데서 아이디어를 얻었는데, 실제로 진딧물은 물을 싫어할 뿐 아니라 일단 수압으로 땅에 떨어지면 다시 기어오를 수 없다고 한다. 그리고 진딧물은 잎 뒷면에 붙어 있기 때문에 이처럼 밑에서 물을 뿜어야 하며 위쪽에서는 아무리 많이 뿌려도 별 효과가 없다.

지금은 응애가 더 무섭다고 한다. 딸기 끝 무렵에 덥고 건조하면 발생해서 잎을 갉아먹는데, 이 시기에는 잎이 무성해서 수공작전(?)도 무력화된다는 것이다. 그래서 칠레이리응애나 풀잠자리 같은 천적을 도입해보기도 했으나, 워낙 천적자재를 구입하기가 어려워 지속적으로 사용하지 못하고 있다.

병해충 잡는 것으로 농사가 끝나는 게 아니다. 딸기는 다비성(多肥性) 작물이라 퇴비 주기가 관건이기 때문이다.

"원래 원칙적으로 하면 퇴비로는 부엽토를 모아 써야 한다고 보지만, 이것은 토양은 살리나 영양분으로는 절대적으로 부족하기 때문에 돈분, 우분, 계분, 인분에다가 톱밥을 섞어 만들어요. 그러나 우분은 거름기가 딸려서 저는 계분과 돈분을 완전 발효시켜 쓰고 있지요. 그러면 영양제니 아미노산이니 일반 농가에서 쓰는 성장촉진제가 따로 필요 없어요."

이렇게 정성과 노고를 다해서 키운 딸기가 품질도 역시 좋은지, 그리고 충분히 제값을 다 받을 수는 있는지 여쭤보았다.

"동일한 품종이라도 유기농 딸기가 윤기가 좋고, 더 오래가며, 맛도 좋아요. 그래서 일반 시장에 내놓더라도 더 비싼 값에 잘 팔리거든요. 그래서 상인들이 왜 그렇게 싸게 파느냐, 자기한테 주면 좋은 값을 치르겠다며 해마다 유혹(?)이 많지요."

흔히 유기농산물은 값이 비싼 반면에 벌레 먹고 품질도 떨어져서 경쟁력이 없다는 통념이 여기선 통하지 않는다. 선생의 경우는 오히려 품질과 상품성에 비해 시장보다 더 낮은 가격으로 공급하는 셈이다. 딸기 가격이 오랫동안 크게 변하지 않았으나 80년대에 비해 단위 면적당 두 배 이상 수확량을 높였고, 2월 20일경부터 5월 20일경까지 약 석 달간 계속 수확하는 방식으로 소득을 높였다고 한다.

선생이 보기에 딸기 농사는 한 가구를 기준으로 6백 평이 적정 규모라 한다. 현재 천여 평을 짓고 있어서 자기로선 상당히 버거운 규모를 감당하고 있다고 생각한다. 그러다 보니 벼농사를 하고 싶어도 여력이 없어 되지 않고, 더구나 책을 읽고 글도 쓰며 연구하는 농민으로 살고 싶어도 육체적으로 따르기 힘들다고 고백한다. '생각하는 농민이라야 참농사꾼이 될 수 있다'는 지론을 제대로 실천하지 못하는 데서 못내 아쉬움을 감추지 못한다. 우리 현실에서 농업 부문 전체가 어려운 형편이지만, 거기서 또 유기농의 길을 가기란 얼마나 더 힘들겠는가.

"이렇게 힘들게 농사 지어도 사람들은 돈 조금 더 받으려고 그런다고 비웃으니 답답한 노릇이에요. 이건 다 편견에 사로잡힌 사고방식 때문이지요. 거기서 벗어나려는 주체적인 노력이 없으니 유기농을 확산시켜보려는 시도는 엄두도 못 내고 있어 안타깝구요."

그런 가운데에서도 거실에 칠판을 걸어 일본어 단어를 써놓고 틈틈이 공부를 하면서 하루빨리 일본의 선진적인 농법을 섭렵하겠노라는 투지를 불태우는 걸 보면 경륜에서 나오는 뚝심 같은 것이 느껴진다.

한 사람의 참농사꾼을 기다리며

"무엇보다 사람들 사이에 믿음이 중요해요. 일반 농민 가운데 유기농에 대해 냉소하는 사람이 많은 것도 다 의심이 많은 탓이 아니고 무엇입니까. 물론 판로 확보가 안 되어 유기농을 하고 싶어도 못하는 사람도 있지만, 무엇보다도, 설사 한살림이 없더라도 나는 유기농을 하겠다는 그런 사람이 있으면 좋겠어요. 올바른 생각을 가진 한 사람의 농사꾼이 아쉽습니다."

따라서 "의식적으로 참농사꾼이 되고자 하는 사람만이 할 수 있는 게 유기농"이라면서 거듭 강조한다. 그렇다고 무조건 강한 원칙만을 내세우는 것은 아니다. 특히 처음 귀농을 하는 사람의 경우에는 좀더 현실적인 접근을 할 것을 제안한다.

선생은 지금 귀농하는 젊은 사람과 함께 일하고 싶어한다. 그 동안 몇몇 귀농인이 오기도 했지만 뚜렷한 결과 없이 그냥 다 돌아갔다고 한다. 선생의 생각에 대개 이러한 실패는 소득과 관계가 많다고 본다. 당장은 아니더라도 몇 년 후에는 어느 정도의 소득이 보장된다는 희망이 있어야 하지 않겠느냐며, 보다 현실적인 접근에 무게를 두는 편이다.

자급자족의 원칙도 반드시 주곡 작물을 하여 자력으로 먹고산다는 개념에 국한하지 말고, 그 지역에서 가장 특색 있고 경쟁력 있는 작물을 선택해서 올바른 판로를 확보하는 것을 통해 생활의 안정을 도모하는 것부터 시작해야 하지 않겠느냐는 말에 수긍이 갔다.

'생태농의 정신'은 현실적인 '생활의 안정 수단'으로서 구현되지 않고서는 실로 '고행'이요, 자칫하면 '맹목'을 따르는 결과를 낳지 않을까. 그렇다고 여기에 뾰족한 해결책이나 왕도가 따로 있는 것은 아닐 터이니, 새로운 일꾼이 되고자 한다면 너른 안목과 철저한 자기 준비가 필수적이라 하겠다.

선생도 하루아침에 오늘의 결과를 얻은 것이 아니요, 누가 그리하라 해서 평탄대로를 타고 여기에 이른 것도 아니다. 길게 보면 중간중간 굴곡이 있기는 했어도 군 제대 후부터 거의 35년여에 걸친 세월이 응축되어 오늘을 일구어낸 것이리라.

선생을 만나고 많은 이야기를 나누는 가운데, 선생이 젊은 시절부터 좋아하는 마오쩌둥이나 체 게바라처럼 '뽐내지 않고 대중과 함께 호흡하며 그들 가운데 함께 하는 지도자'로서 이 바람 차고 황량한 들녘에 꿋꿋이 버티고 선 선배 세대의 존재가 든든하게 뒷받침하는 한, '한 사람의 새로운 참농사꾼'이 그 곁을 찾으리라는 믿음을 가지게 되었다.

오랜 고생과 집념 어린 노력 끝에 이룬 결과에 안주하지 않고 참농사꾼을 기다리는 선생의 바람이 언젠가 꼭 이루어지기를 바라며 그곳을 떠났다.

흙 위에서만 행복이 있다

—경기도 포천의 김준권 선생

"옛말에 등 따습고 배부르면 그게 행복이라고 하지 않았습니까? 곧 의식주의 해결이 행복의 기본 조건이라는 것이지요. 그것은 정보화 시대라고 하는 21세기에도 마찬가지일 것입니다. 그래서 어떻게 보면 사람 사는 문제는 매우 간단한 것이에요. 괜히 전문화, 세분화시켜 사는 일을 복잡하게 만든 것일 뿐입니다.

그렇다면 사는 일이 왜 복잡해졌겠습니까? 제가 볼 때는, 자기 손으로 직접 해결하면 간단할 일을 남의 손으로, 곧 돈으로 해결하려고 하니까 복잡해지는 겁니다. 그것이 전문화가 낳은 현대 사회의 맹점입니다."

경기도 포천의 김준권 선생(54세)은 자급자족의 농사를 통해 사람들에게 참된 행복을 보여주고자 노력하는 농부이다. 그가 농사 지어 버는 돈도 일단 자급하고 남은 것으로 벌어들이는 것이지 절대 돈을 목적으로 농사 짓는 것은 아니다. 그래서 그는 자급해서 남은 것이 없으면 그뿐이고 남아서 돈을 벌어도 그뿐이라고 생각한다. 단지 중요한 것은 스스로의 힘으로 삶을 꾸리고 그 속에서 즐거움을 누릴 수 있으면 되는 것이다.

농사는 재미가 있어야 가능한 일

김준권 선생은 어릴 때 중학교만 마치고 일찍이 농부의 길을 선택한 사람이다. 경제적인 형편도 어려웠지만 공부가 영 마음에 들지 않았다고 한다. 왠지 농사만이 좋았고 그 속에 막연하지만 희망이 있는 것 같았다.

"지금은 스물 몇 살까지 대학 공부하랴, 군대 갔다 오랴 해서 잘해야 이십대 중반이 넘어야 비로소 사람 구실 할 수 있게 되었죠. 그러나 우리 어릴 때는 조금만 힘 있으면 다 일을 해야 하는 것으로 알았습니다. 단지 가난해서만이 아니었지요. 공부가 제 적성에 맞지 않는 것도 있었지만, 당시에는 공부하는 목적이 이 다음에 잘살려고 하는 것이었는데 저는 공부를 하지 않고도 얼마든지 잘 살 수 있다는 자신감이 있었습니다. 게다가 할 일도 많은데 속 편하게 공부하는 것도 미안스럽고, 또 농사 속에 무언가 내가 할 일이 있는 것 같았어요. 특히 그 중에도 동물들을 좋아했습니다. 야생 동물을 더 좋아했지요. 그래서 그때는 꿈이 카우보이가 되는 것이었어요."

김준권 선생에게는 특별한 취미가 없다. 크리스천이라 술, 담배는 기본적으로 하지 않지만 농사 짓는 것 자체가 취미이기도 하여 선생에게는 취미라는 말이 그저 낯설기만 하다. 그래서 귀농 희망자들을 위한 귀농학교 강의 때마다 농사는 재미를 느껴야 할 수 있는 일이라고 강조한다.

"농사를 노동이라는 관점에서 보면 그만큼 힘든 일도 없을 것입니다. 마찬가지로 귀농을 무슨 특별한 사명감이나 목적을 가지고 하면 곧 한계에 부닥칠 것이라고 생각합니다. 일 자체에서 재미를 느껴야 한다는 것이죠.

저는 동물을 꽤 좋아하여 이놈들을 하루라도 보지 않고는 견딜 수가 없습니다. 물론 매일 먹이를 주어야 하는 일도 있지요. 그래서 저는 귀농학교에 강의를 나가면 빨리 끝내고 당장 농장으로 올라갈 생각부터 합니다. 작물들이야 며칠 돌보지 않아도 스스로 자라지만, 그놈들도 마찬가지로 하루라도 보지 못하면 궁금하기만 합니다. 그만큼 재미있는 일도 없습니다."

도시의 노동은 소외된 노동이라고 한다. 생산 자동라인에서 로봇처럼 볼트 너트만 돌리는 육체노동, 책상 위에서 펜대나 굴리며 서류 처리하기 바쁜 정신노동 그 어디에도 노동의 즐거움을 찾기는 쉽지 않다. 게다가 정체되는 수많은 차량과 콩나물 시루처럼 미어터지는 버스 속에서 하루를 시달리며 출근해야 하는 직장생활과 조직생활에서 만연된 스트레스, 일과 후 또다시 술과 담배에 찌들려야 하는 비이상적인 근무의 연장 등에서 도시인의 하루하루는 힘겹기만 하다. 고된 노동 속에서도 절로 흘러나오는 흥겨운 노동요가 도시의 노동에서 나올 수 없

선생은 동물을 아주 좋아한다. 그러나 상업적인 목적의 축산은 절대 반대한다. 원래 가축이란 농사부산물이나 사람이 먹고 남은 잔반을 처리하여 다시 거름으로 쓸 요량으로 키우는 것이라 생각하지, 축산만을 하는 것은 농사로 보지를 않는다. 축산으로 얻는 단백질은 몇 배의 식물성 단백질을 소비하는 매우 낭비적인 것일 뿐 아니라, 대량의 축분이 그대로 쓰레기로 버려져 환경 오염의 주범이 된다. 그렇지만 선생은 무조건 축산을 반대하는 원칙적 생태주의도 반대한다. 보조적 축산은 생태적 순환의 주요 고리를 차지하기에 동물은 생태계에서 꼭 필요한 존재인 것이다.

는 것도 다 그런 까닭이리라.

바른 농업만이 농촌을 살리고 세상을 살린다

한국 유기농업의 산실인 정농회가 창립된 1976년부터 유기농업을 실천해온 김준권 선생은 현재 이 단체의 부회장직을 맡고 있다. 또한 생태적인 귀농을 교육하고 있는 (사)전국귀농운동본부의 부본부장 및 귀농학교의 강사일을 맡고 있을 만큼 그는 이제 우리 생태농업 운동에서 없어서는 안 될 지도자의 역할을 맡고 있다.

"제가 농사를 짓기 시작한 것은 18세 때 당시 부천에 있던 풀무원 농장에 들어가면서부터였지만, 저 스스로 농부로서 자부심과 사명감을 갖고 본격적으로 농사를 짓기 시작한 것은 28세 때인 정농회 창립 시절부터라고 할 수 있습니다. 창립 때 일본 유기농업의 대표 단체인 애농회를 창립한 고다니 주니치라는 분을 초청하여 강의를 들었는데, 저는 이분의 말씀을 듣고서 비로소 농부로서 자신감을 얻을 수 있었습니다.

이분은 우리가 왜 농사를 지어야 하는가에 대해, 농사만이 참된 사랑을 실천하는 길이기 때문이라고 말씀하셨습니다. 자동차나 TV는 없어도 살지만, 쌀이나 먹거리들은 없으면 살 수 없는 소중한 존재들이므로 그런 생명을 가꾸는 농사야말로 이웃의 생명을 가꾸는 진정한 사랑의 실천이라는 것이지요.

이분의 말씀을 듣기 전만 해도 그 동안 고된 농사일에 많이 지쳐 점차 회의를 갖고 있을 때였습니다. 단지 적성에 맞아 농사일을 하고는 있었지만, 나이가 어려서인지 농부로서 사명의식을 세우지 못하고 있었지요. 게다가 농사 짓는다고 하면 다들 하찮은 직업으로 바라보니 어린 나이에 올곧은 마음을 다잡기가 쉽지 않았어요. 그런 제 입장에서 그분의 말씀은 하나의 충격이자 감동이었습니다. 그리고 그분은 생명을 살리고 사랑을 실천하는 농사일에 농약과 화학비료를 쓸 수는 없는 일이라고 설파하셨습니다. 바로 생태적인 유기농업을 말한 것이었지요."

그때부터 김준권 선생은 줄곧 무농약 유기농업을 25년째 실천해왔다. 당시는 사회적으로 '잘 살아보세'라는 기치가 전 국민을 사로잡고 있었을 때라 농사도 오로지 다수확 증산만을 목표로 농약과 화학비료 농법이 일반화되고 있었다. 그때는 환경오염이니 공해니 하는 말들이 이른바 신조어라 그 말조차 이해할 수 있는 사람들이 드물었다. 농약도 그때는 나쁜 병균과 병해충을 소독해주는 아주 고마운 존재였다. 그래서 사실대로 말하면 '농독(毒)'이라고 해야 할 말을 '농약(藥)'이라고 표현한 것이다.

선생이 짓고 있는 유기농사의 특징은 유축 순환농업에 있다. 가축과 작물의 유기적 관계를 맺어 가축의 분뇨를 퇴비로 만들어 쓰고, 작물 농사의 부산물, 예를 들면 볏짚이나 콩깍지 등을 가축 사료로 쓴다. 작물도 단일 작물을 대량으로 심는 것보다 여러 가지 작물과 이모작 작물을 심어 작물간의 공생관계를 활용하고 땅의 효율성도 높인다.

"농사는 보험이 없어요. 흉년이 들었다거나 수해를 당했다고 그것을 보상받을 보험을 누가 들어주겠습니까? 그러니까 농사는 단일 작물만을 대량으로 심는 방식은 피해야 합니다. 이 또한 상업적인 농사의 하나이죠. 그리고 농사를 지어보면 알겠지만 항상 모든 작물이 동시에 잘 되거나 못 되는 게 아닙니다. 비가 많이 오면 잘 되는 것도 있지만 안 되는 작물도 있고, 또 가뭄이라고 해서 다 흉년이 되는 게 아니라 과일과 같이 잘 되는 작물도 있는 것입니다. 자연은 절대 공평하지 않다고 하는 것인데, 그래서 모든 것이 뜻대로 잘 되길 바라지 말고 이것저것 골고루 심어 적당하게 지어먹으라는 것이죠.

저는 가축과 함께 짓는 이른바 유축농업을 하고 있지만 절대 축산을 부업 이상으로 확대해서는 안 된다고 생각합니다. 가축에서 만들어지는 단백질을 얻기 위해 그 가축에게 먹여야 할 식물의 단백질이 몇 배가 든다는 말이 있지 않습니까? 말하자면 여러 사람이 먹을 수 있는 단백질을 한 사람이 먹어치운다는 것과 같은 뜻이죠. 축산에는 그렇게 반(反)생태적인 측면이 있기 때문에 적당한 선을 넘지 말아야 하는 것입니다. 옛날 우리 조상들이 했듯이 그저 몇 마리씩 여러 놈들을 키우는 정도로 만족해야 하는 것이죠.

그리고 매일매일 주의 깊게 보살펴주어야 하기 때문에 잘못하면 사람이 가축의 노예(?)가 되기 쉽습니다. 그놈들에 얽매이게 되는 것이죠. 그렇게 하면 다른 작물들 보살펴줄 틈을 잃어버릴 수 있어요. 저 같은 경우는 5천 평 되는 지금의 땅을 사는 데 갖다 쓴 빚을 갚기 위해 개를 백여 마리 기르고 있지만 보통 힘든 일이 아닙니다. 주변에서 잔반을 쉽게 구할 수 있어 그나마 어렵지 않게 하고 있지요. 빚을 갚는 대로 곧 처분할 생각입니다만 제가 그래도 동물들을 좋아하기에 감당하고 있습니다."

농부야말로 진정한 탤런트

김준권 선생은 농사도 잘 짓지만 그밖에도 많은 기술을 갖고 있다. 그래서 선생은 생활하는 데 필요한 모든 것들을 항상 직접 만들어 쓴다. 작년 연말에 지은 흙집도 그렇거니와 동물 사육장, 수세식 화장실보다 더 멋진 뒷간, 그리고 돼지로 햄과 소시지, 베이컨을 만드는 육가공 기술 등이 대표적인 것들이다.

이 가운데 많은 사람들에게 주목을 받은 것은 선생만의 독창적인 아이디어로 만든 뒷간이다. 우선 선생이 만든 화장실은 재래식이지만 수세식보다 더 깨끗할 뿐만 아니라 수세식처럼 물도 낭비하지 않고, 또한 변기통에 모아진 인분은 그대로 발효되어 유익한 거름으로 쓰인다. 실내는 바닥과 사방을 나무로 두른 다음 불에 그을려 아늑한 통나무 카페에 앉아 있는 것 같고, 변기도 수세식처럼 좌변기로 되어 있어 편안하

버려진 나무로 만든 재래식 화장실 내부

게 일을 볼 수 있다.

이 가운데 무엇보다 독특한 아이디어는 변기통으로 이어지는 입구에 달려 있는 칸막이다. 칸막이는 변기통에서 올라오는 냄새를 막아주는 장치인데, 그것이 여닫히는 원리가 아주 재미있다. 용수철을 쓰면 녹이 슬 것이기에 한쪽 밑에다 박카스 병을 매달아놓았다. 실험을 해보았더니 박카스 병 무게가 똥을 떨어뜨리고 칸막이를 여닫기에 가장 적절한 무게였다고 선생은 설명한다. 독특한 아이디어도 아이디어이지만 실험으로 적절한 무게의 병을 찾았다는 게 참으로 신선한 대목이다.

다음으로, 일을 보고는 물 한 바가지만 부어주어 묻어 있는 찌꺼기까지 깨끗하게 씻겨내려 보낸다. 칸막이 밑의 변기통으로 이어지는 파이프 옆으로 공기를 빼내는 굴뚝이 연결되어 있고, 굴뚝 위에는 팬이 돌아 조금이라도 냄새가 올라올 틈을 주지 않고 있다. 변기통은 안에 하나가 있고 이것이 차면 바깥에 설치되어 있는 통으로 옮겨지게 되어 있다. 바깥의 것을 퍼내어 쓰면 되는 것이다. 그런데 이런 화장실을 만드는 데 김준권 선생은 단돈 5만 원밖에 들이지 않았다. 좌변기 만드는 재료를 산 것 외에는 거의 다 주워다 썼기 때문이다.

다음으로 선생이 직접 지은 흙집을 보자. 식구들이 모두 이사 와서 살 큰집을 짓기 전에는 당분간 혼자 살아야 하기 때문에 일단 4평 정도의 단칸방을 짓기로 했다. 흙집이지만 집의 기초는 시멘트와 벽돌을 이용했다. 흙집을 짓는다 해서 모든 것을 완벽하게 다 흙으로만 할 생각은 없었다. 기초는 아무래도 시멘트로 해야 집의 하중을 제대로 견딜 수 있을 것이기 때문이다. 구들도 구하기 힘든 구들돌보다는 시멘트로 규격을 정확히 맞춰 만들었다. 시멘트로 짠 구들이지만 위에다 자갈과 숯

겉모습도 참 이쁜 집이지만, 장작 구들방이 구석까지 골고루 따뜻한 게 참 신기한 집이다.

가루와 황토로 마감을 하면 시멘트 독은 충분히 차단할 수 있을 뿐만 아니라, 규격을 맞추었기 때문에 틈 하나 없이 정확하게 구들을 얹을 수 있으므로 구들장이 무너질 염려도 없다. 불길이 지나가는 길도 벽돌을 이용해 보일러 파이프처럼 지그재그로 하여 불길이 골고루 구석구석까지 미치게 했다.

굴뚝 위에는 팬을 달아 연기가 잘 빠지도록 했고, 굴뚝 밑에는 목초액을 받을 수 있는 장치를 따로 만들어놓았다. 연기가 굴뚝을 통과하며 액화되어 떨어진 목초액은 작물의 병해충을 막아내는 데 아주 훌륭하게 쓰이는 천연 농약이다.

바깥벽에는 사람 허리만큼 나무들을 빙 둘러쳐서 빗물에 약한 흙벽돌을 보호하고, 안쪽에도 나무를 빙 둘러쳐 보온의 효과를 배가하는 한편 보기 좋은 인테리어 장치를 할 수 있게 했다. 지붕은 서까래를 얹고 합판을 대어 흙을 깐 맞배형(八자형)으로 만들었으며, 방수를 위해 가빠(방수포)를 씌우고 볏짚으로 이엉을 엮었다.

부엌은 큰 가마솥을 얹을 것과 작은 솥을 얹을 것, 두 개의 아궁이를 만들었다. 큰 것은 따뜻한 물을 데우는 데 쓰고, 작은 것은 밥이나 음식할 때 쓴다. 현관은 툇마루를 만들고 기둥을 세웠으며 처마식의 현관 지붕을 만들었다.

창문은 세 개를 만들었는데 부엌 쪽의 것은 붙박이장으로 쓸 요량이고, 남쪽을 향한 창문에는 태양열 집열판을 만들어 겨울에는 햇빛의 열이 방안으로 모아져서 들어올 수 있도록 장치를 해놓을 계획이다. 태양열 집열판은 춥지 않을 때에는 작물 말리는 데에도 쓸 수가 있어 여러모로 유용한 장치가 될 것이다.

김준권 선생은 이 흙집을 짓는 데 총 경비를 150만 원밖에 들이지 않았다. 방이 네 평, 부엌이 약 세 평 그리고 한 평 정도의 현관까지 합쳐 총 여덟 평 정도되니 평당 20만 원 꼴로 든 셈이다. 보통 흙집 짓는 데 평당 2, 3백 넘게 드는 시세에서 보면 거의 공짜로 지은 것이나 다를 바 없는 액수이다. 돈을 들여 산 것이라고는 시멘트와 모래, 벽돌, 문짝과 문틀 정도이고 나머지 대부분은 버려진 목재나 물건들을 재활용했다. 서까래나 기둥, 대들보로 쓴, 그리 두껍지 않은 나무들은 산에서 간벌(間伐)한 것들을 활용했다.

다음으로 선생의 독보적인 기술 중 하나는 햄, 소시지, 베이컨을 만드는 돼지 육가공이다. 시중에서 팔리는 인스턴트 물건들은 대부분 인공적인 향료나 색깔, 맛을 입힌 것들로 제대로 연기를 씌워 만든 것은 보기가 힘들다. 그러나 더 큰 문제는 안전성을 믿을 수 없다는 것이다.

돼지 육가공은 원래 유럽 사람들이 겨울이 되기 전 우리가 김장하듯이 겨울 식량으로 만들어 먹던 것으로, 겨울 같은 농한기에 해두면 겨우 내내 밥상을 더욱 풍성하게 해준다. 이렇게 직접 만들어 먹으면 안전성 문제도 해결할 수 있을 뿐만 아니라 맛도 제대로 즐길 수 있다. 게다가 자신이 안전한 사료로 깨끗한 환경에서 키운 돼지를 직접 가공한다면 어디에서도 이보다 더 훌륭한 품질을 찾기 힘들 것이다.

선생은 매년 겨울이 되면 '(사)전국귀농운동본부'와 함께 자신의 농장에서 '돼지 육가공 전문 강좌' 및 실습 프로그램을 진행하고 있다. 돼지 육가공 강좌는 귀농본부의 여러 프로그램 중에서도 꽤 인기가 높은 편이다.

"저는 농부는 못하는 게 하나도 없어야 한다고 생각합니다. 그야말로 진정한 탤런트가 되어야 한다는 것이죠. 농촌에서 모든 걸 도시에서처럼 돈으로 해결하려고 해보십시오. 괴롭기만 할 뿐입니다. 농촌 생활의 참맛은 막연한 전원 생활에 있는 게 아니라 자연의 모든 걸 재활용하고 그것으로 이 세상 어디에도 없는 자기만의 창조물을 만든다는 데에 있지 않겠습니까? 그게 자급자족의 진정한 모습입니다.

그러나 탤런트라고 해서 그 재능이 타고나는 것은 아닙니다. 자급자족의 정신만 확실하다면 못할 게 없습니다. 필요가 창조를 낳기 때문이지요."

(사)전국귀농운동본부가 주관한 돼지 육가공 강좌를 끝내고, 직접 햄과 소시지를 만든 실습생들과 함께 했다.

흙 위의 삶만이 행복을 보장한다

어쩌면 김준권 선생만큼 어릴 때 가졌던 꿈을 온전히 실현한 사람도 드물 것이다. 공부만이 인생을 잘살 수 있는 길이라는 통속적인 관념을 거부하고 어릴 때부터 자기의 길을 과감히 선택하여 끝까지 그 길을 걸으면서 진정하게 잘사는 길, 곧 행복한 삶을 사는 길을 찾은 것이다. 게다가 그는 참된 먹거리를 생산하여 이웃의 생명을 위하고 귀농자들을 올바르게 인도하여 참된 농사를 지을 수 있도록 도와줌으로써 이웃들과 더불어 행복할 수 있는 길을 함께 걸어가고자 한다.

김준권 선생의 결혼 이야기를 들어보아도 그는 분명히 행복을 일궈 낸 사람임에 틀림없는 것 같다. 선생의 아내는 그와 달리 대학 교육까지 받아 교직에 몸담고 있던 이른바 지식인 여성이었다. 그럼에도 두 사람이 결혼하는 데에는 학력도, 재력도, 그 어떤 것도 장애가 되지 않았다. 선생의 장인어른은 경기도 양주에 있는 풀무원 농장의 대표이며 한국 유기농업 운동의 대부라 해도 절대 과언일 수 없는 원경선('한국의 유기농 운동과 공동체 운동의 개척자' 참고)이라는 분이다. 그리고 그분의 자녀들과 사위들은 모두 일류 대학을 나와 교직에 있거나 언론직 또는 공직에 근무하고 있다. 어떻게 보면 성공한 집으로 장가가서 김준권 선생만이 이 시대에 푸대접받고, 그래서 '하찮기만 한' 농사라는 직업에 종사하고 있는 것이다.

그러나 평생 농부로 살아오신 장인어른의 가업을 잇고 있는 사람은 비록 사위이지만 유일하게 김준권 선생뿐이다. 그것이 오히려 사회의 통념과는 반대로 이 집안에서 선생이 제일로 인정받고 있는 이유이다.

김준권 선생이 이렇게 자기의 길을 꿋꿋이 걸으며 어릴 때의 꿈을 이룰 수 있었던 동력은 어디에 있었을까? 그것은 아마 선생의 뒤에는 항상 흙이라는 가장 굳건한 후원자가 있었기에 가능할 수 있었을 것이다.

"나는 흙 속의 노동, 곧 농사만이 인간을 행복한 삶, 가치 있는 삶으로 이끌어간다고 믿고 있습니다. 농업노동은 공업노동과 달리 일 속에 이미 휴식이 있고, 취미가 있고, 가치가 있습니다. 때문에 소외된 공업노동과 달리 농사는 온전히 일하는 사람의 것이 됩니다. 또한 그 노동은 이미 그 속에 사랑을 실천하는 의미를 담고 있습니다. 노동 자체가 사랑의 실천인 것이죠. 제가 줄곧 자급자족의 삶을 강조했습니다만 공업노동으로도 경제적인 자급은 가능합니다. 그러나 그것은 반드시 돈이라는 매개물을 통해야 하기 때문에 외부 개입에 의해 얼마든지 무너져 버릴 수가 있습니다. 반면 흙에 근거한 노동은 외부 개입에 영향받지 않습니다. 그래서 저는 모든 인권의 기본은 땅을 갖게 하는 것에서 출발한다고 봅니다.

예를 들어 미국의 링컨 대통령이 노예를 해방시켰지만 노예들은 오히려 생활 면에서 더 나쁜 상황에 처해야 했습니다. 법적인 굴레만 해방시켜주었을 뿐 그들이 스스로 설 수 있는 땅에 대한 권리를 주지 않았기 때문입니다. 노예 해방은 오히려 땅으로부터 쫓겨난 결과를 주었을 뿐입니다. 그래서 사회정의라는 것도 땅을 골고루 분배하는 것에서부터 시작해야 합니다. 기독교에서 말하는 희년 사상, 곧 70년마다 한 번씩 땅을 고르게 재분배한다는 것과 일맥상통하는 얘기이지요.

그러나 지금은 토지개혁 같은 것을 말할 수 없는 상황이기 때문에 이는 매우 이상적인 것에 불과하죠. 제가 말하고 싶은 것은 그게 아니라 사람은 누구나 땅 위에 서서 그것을 기반으로 살아가야 한다는 것입니다. 왜냐하면 땅 위에서 노동하는 농사야말로 인간 본성에 가장 적합한 것이라고 보기 때문입니다. 본성이란 가장 자연스러운 것이기 때문에 말 그대로 자연 속에서 살아야만 본성을 실현할 수 있는 것입니다. 그래서 늦었지만 지금이라도 하루빨리 이런 삶을 선택해야 합니다."

농자지천하지대본을 위하여

—전북 부안의 정경식 선생

벌레와 함께, 잡초와 함께 짓는 공생의 농사

농사를 짓는 데 벌레와 잡초는 백해무익한 존재이다. 나아가 농사란 잡초와의 전쟁, 벌레와의 전쟁이라 해도 과언이 아닐 정도로 그것들은 농사꾼에게 어찌 보면 원수와 같은 존재이기도 하다.

그러나 필자가 만난 전북 부안의 정경식 선생(43세)은 기존의 상식을 뒤엎는 진기한 농사꾼이다.

"인간이 어떻게 잡초와 벌레를 이길 수 있습니까? 잡초가 무엇입니까? 그것은 인간이 먹기 위해 농사 짓는 작물보다 더 오랜 역사를 갖고 있습니다. 농사가 1만 년의 역사를 갖고 있다지만 잡초는 그 이전, 아니 어쩌면 인류의 역사보다 더 장구한 역사를 갖고 있습니다. 그러니 사람

손이 가야 자라는 농작물과 달리 잡초는 스스로 오랜 역사 동안 자신의 생명을 이어왔기 때문에 잡초와의 전쟁에서 사람이 이긴다는 것은 말도 안 됩니다. 벌레도 마찬가지죠. 그래서 핵전쟁으로 지구가 멸망해도 벌레와 잡초는 살아남는다고 했습니다. 벌레만 해도 사람들이 익충과 해충으로 구별하고는 육식곤충은 익충이라 해서 좋아하고 초식곤충은 해충이라 해서 싫어하지만, 모순되게도 보통 초식동물이 온순한 것으로 일고 있는 기존 상식과는 정반대입니다. 그럼 왜 인간들 편의대로 이런 구별을 하겠습니까? 바로 인간의 이기적인 마음, 자신만 편리하고자 하는 욕심에서 생긴 것입니다. 자연에는 전혀 그런 구별이 없는 것이거든요."

20여 년 넘게 무농약 유기농사를 지어온 정 선생의 농사의 특징은 이렇게 잡초와 벌레를 적으로 여기지 않고 그것들도 함께 농사에 참여하는 또 다른 농사꾼으로 삼는다는 데에 있다. 곧 말하자면 '공생의 농법'이다.

선생의 농장에는 대부분의 땅들이 낫으로 베어낸 볏짚과 잡풀로 덮여 있다. 곧 맨땅이 없는 것이다. 땅에서 나는 것은 사람이 먹을 것만 제외하고 모두 다시 땅으로 되돌려진다. 거기에서 자라는 잡초도 베어서 그냥 그 자리에 깔아준다. 그래서 쌓인 짚을 조금만 들춰보면 금방 지렁이떼들이 우글우글거리는 모습을 볼 수 있다. 그 가운데에는 간혹 쥐구멍 같은 것들이 뚫어져 있는 경우도 있다. 바로 두더쥐들이 파놓은 구멍이다. 두더쥐는 농작물을 파먹기도 하고 해치는 대표적인 나쁜 동물이지만, 이에 대해서조차 선생의 태도는 전혀 다르다.

"그놈들도 먹고 살아야죠."

　물론 농약을 치면 그놈들을 못 오게 할 수 있다. 그러나 그것은 빈대 한 마리 잡으려고 초가삼간 태우는 꼴과 똑같다는 게 선생의 생각이다. 그러나 농약을 치지 않아 땅이 살게 되면 두더쥐뿐만 아니라 농사에 유익한 지렁이 같은 놈들이 많이 생긴다. 지렁이는 흙 속을 휘저으며 다니기 때문에 항상 땅을 갈아준다. 때문에 애써 땅을 기계로 갈 필요가 없다. 그뿐만이 아니다. 지렁이는 흙을 비롯해 볏짚 같은 유기물을 먹고 부드러운 흙과 유익한 퇴비들을 만들어준다. 지렁이의 퇴비 생산 능력은 가축들의 분뇨 퇴비보다 몇 배나 된다. 보통 1에이커 정도의 양에 해당하는 지렁이가 40톤의 퇴비를 생산한다는 얘기도 있을 정도다.

　정 선생의 농사를 도와주는 또 다른 벌레에는 거미와 무당벌레가 있다. 이놈들은 진딧물이나 그밖의 병해충들을 잡아먹는 데 그야말로 도사들이다. 선생의 밭 어디를 가도 거미들이 이곳저곳에 집을 지어 사는 모습을 쉽게 볼 수 있다. 또한 어린아이들이 예뻐하는 칠성무당벌레들도 보통 많은 게 아니다.

물론 이런 익충들이 해충들을 다 완벽하게 해결해주는 것은 아니다. 만일 해충들이 익충들에 의해 다 없어진다면 익충들도 이내 농장을 떠나버리고 말 것이다. 중요한 것은 인간에게 좋은 것들만 남기는 게 아니라 하나의 생태계를 살려주는 데에 있다.

그래서 선생은 진딧물과 같은 해충들이 좋아하는 작물을 곳곳에 심는다. 바로 양배추나 케일 같은 작물이다. 이것들을 배추밭이나 토마토밭에 심으면 진딧물이 다른 데는 가지 않고 양배추와 케일에만 끼어든다. 일종의 미끼인 셈이다.

이런 공생의 농사는 작물들 상호간에도 적용된다. 예를 들면, 수수나 옥수수는 영양분이 엄청 많이 필요해 대표적으로 지력을 파먹는 작물들이다. 반면 뿌리혹박테리아라는, 공중 질소를 고정하는 세균을 갖고 있는 콩과식물은 뛰어난 질소비료 생산 능력을 갖고 있어 땅을 비옥하게 해주는 작물이다. 그래서 콩밭에다 옥수수를 함께 심으면, 따로 비료를 줄 필요도 없고 땅의 지력도 보호할 수 있는 것이다. 그리고 고추 사이사이에 들깨를 심으면, 들깨 특유의 향 때문에 고추에 생기는 담배나방이벌레를 막을 수 있다.

정 선생에겐 잡초 또한 공생 농법의 예외일 수 없다. 마늘밭에 가면 마늘과 냉이가 한 장소에서 서로 사이좋게 엉켜서 자라고 있는 것을 볼수 있다. 물론, 냉이를 키우기 위해 따로 심은 것은 아니다. 어떻게 보면 냉이가 마늘을 지탱해주는 것 같기도 하고, 어떻게 보면 냉이가 마늘에 기생하여 자라고 있는 듯도 하지만 이 또한 서로 공생적인 관계이다. 상업적 목적으로 단일 작물을 농사 짓는 사람들은 냉이라면 귀찮은 풀이라 하여 다 뜯어버리겠지만, 선생은 잡풀조차 작물과 공생관계를 맺어주어 키우고 있는 것이다. 게다가 그렇게 자란 냉이도 선생에게 적지 않은 수입을 가져다주는 아주 고마운 풀이다. 그리고 오랫동안 짚풀로 덮여 있는 밭에는 자연 피복 때문에 잡초도 별로 나지 않지만, 나는 것조차 민들레 같은 약용이거나 돈나물 쇠비름 같은 식용 풀이 많다. 그래서 가끔 자연식이요법을 해야 하는 환자들이 무공해 청정 풀을 찾으러 정 선생 농장에 방문하곤 한다.

모든 것을 순환시켜 농장에 필요한 것을 자급한다

정 선생의 공생 농법은 곧바로 순환의 농법으로 이어진다. 이른바 돌려짓기가 그것인데, 돌려짓기의 핵심은 사람이 먹을 것만 거두어들이고 나머지는 모두 땅에 돌려준다는 데 있다. 벼를 수확하면 볏짚은 그대로 땅에 깔며, 보리를 거두면 또한 보릿대는 땅에 다 돌려준다. 이로써 같은 작물을 계속 이어서 재배함으로써 땅의 영양분이 편중되어 생기는 연작 장해를 피할 수 있다. 나락만 거두어들이고 나머지는 다시 돌려주므로 영양분이 유지될 뿐만 아니라, 다른 작물을 이어심고 그 짚풀을 또 돌려주기 때문에 땅의 영양분이 골고루 쌓이게 되는 것이다.

순환 농법에는 사람의 똥도 예외일 수 없다. 선생은 7년 전에 원래 살던 흙집 위편에다 양옥집을 지어놓고서도 화장실만큼은 실내 수세식 화장실을 잠그고 옛날에 쓰던 흙집 화장실을 사용하고 있다.

"양옥집을 짓고 나서 보통 후회한 게 아닙니다. 그 집을 지을 때는 그렇게 힘들다는 무농약 농사를 짓고 있지만 나도 버젓하게 내 집을 가질 수 있다는 것을 보여주고 싶었을 겁니다. 그런데 살고 보니까, 다른 것은 둘째 치더라도 양옥집이라는 게 순전히 자원 낭비, 환경오염의 주범이더라는 겁니다. 장작으로 난방을 하던 것을 보일러를 때기 위해 비싼 돈 주고 기름을 사야 하는데다 공기도 오염시키죠, 게다가 훌륭한 퇴비로 쓰일 사람의 분뇨를 아깝게, 그것도 귀한 물을 있는 대로 퍼부으며 버려야 하니 도저히 양심에 걸려서 쓸 수가 없더란 말입니다. 그래서 냉장 화장실 변기 뚜껑을 테이프로 묶어버리고 언덕 밑의 재래식 화장실을 쓰기로 한 거죠."

정 선생네 재래식 화장실은 두 공간으로 나뉘어 있다. 하나는 사람이 볼일을 보는 곳이고, 옆의 하나는 똥을 퍼내는 곳이다. 그래서 퍼내는 화장실엔 똥 푸는 바가지와 그것을 퍼 나르는 양동이 두세 개가 놓여져 있다. 화장실 밑의 구조는 가운데 칸막이로 막혀 있고 맨 아래 조그만 구멍이 있어, 사람이 볼일 본 똥이 쌓여 밑에서부터 발효된 점액들만 그 구멍을 통해 옆의 퍼내는 화장실로 옮겨가게 되어 있다. 이렇게 숙성된 똥은 매우 훌륭한 퇴비가 된다.

이 화장실은 선생이 직접 만든 것은 아니다. 원래 이 흙집을 지은 사람이 지어놓은 것이다. 말하자면 옛날부터 우리 농민들은 인분을 화장실에서 직접 발효시켜 퇴비로 만드는 지혜를 갖고 있었던 것이다.

또 다음 순환 농법으로 관심을 끄는 것은 전통 구들 난방에 있다. 선생은 불편한 양옥집 대신에 다시 흙집으로 돌아와 살 요량으로 예전의 흙집을 작년에 수리해놓았다. 기름 보일러에 의존하는 양옥집 난방은 자원도 낭비할 뿐만 아니라 대기도 오염시키는 아주 귀찮은 존재이다. 그러나 우리 전통 구들 난방은 산에서 얼마든지 구할 수 있는 잔가지 나

들깨를 타작하며 2천 평의 땅에서 백여 가지 작물을 가꾸다 보니 기계가 필요 없다. 선생네는 모든 일을 거의 다 직접 손으로 한다. 문명 이기의 위험성을 잘 알기에 그나마 반 정도는 비닐을 씌워 제초하던 것마저 다 철수시키고, 모든 밭을 볏짚이나 쌀겨들로 자연 제초 하기로 했다.

무들과 요즘 시골에서 쉽게 구할 수 있는 폐목들을 쓰기 때문에, 특별히 연료비도 들지 않고 자원도 낭비할 필요 없으며 또한 공기를 오염시키지도 않는다. 그러나 그것이 특히 순환 농법에 의미가 있는 것은 거기에서 나오는 재와 목초액이라는 부산물 때문이다. 재는 똥이나 퇴비를 발효시킬 때 아주 유익한 재료로 쓰이고, 목초액은 해충을 몰아내는 무공해 농약 겸 작물에 유익한 비료로도 쓰인다.

이렇게 공생하는 농사, 순환하는 농사를 하다 보니 정 선생 농장에는 대량으로 단일 작물을 짓는 경우가 하나도 없다. 2천 평밖에 되지 않는 그의 농장에는 백여 가지가 넘는 작물들이 서로 뒤섞이고 이어가면서 자라고 있다. 아마 이런 적은 규모에 그렇게 많은 작물을 짓는 농사꾼은 그리 흔치 않을 것이다. 그리고 선생 농장의 또 다른 특이한 점은 물논이 없다는 점이다. 모두 다 밭농사만 한다. 하다 못해 벼조차도 밭에서 키운다. 벼가 밭에서 자란다는 말을 들어본 사람은 드물 것이다. 그러나 벼는 원래 물에서 자라는 것과 밭에서 자라는 것, 두 종류가 있었다. 밭벼는 주로 산간마을에서 짓던 작물로, 조선 말까지만 해도 종자가 2백여 가지나 되었을 정도로 적지 않은 쌀이었다. 그러나 지금은 다수확 정책을 위주로 한 이른바 근대화 농업의 물결에 의해 밀려나면서 종자가 두 가지밖에 남지 않을 정도로 거의 멸종 위기에 처한 작물이 되고 말았다. 수확이 논벼보다 반밖에 되지 않는다는 이유 때문이었다. 그렇다면 정 선생은 소출이 그렇게 적은 밭벼를 왜 하게 되었을까?

"원래부터 저는 논벼 농사에 회의를 갖고 있었어요. 우선 논벼는 물을 너무 많이 먹습니다. 옛날에는 하늘이 내려다주는 빗물에 의존했지만, 요즘은 그런 천수답은 사라지고 다 지하수를 퍼 올려 쓰고 있거든요. 어떻게 보면 수자원 낭비인 셈이죠. 저희 집에선 수수, 보리, 율무, 통밀 등을 예닐곱 가지 섞은 현미 잡곡밥을 먹고 있는데, 그런 제 입장에서 볼 때 백미만을 먹는 주식문화로는 절대 식량문제를 해결할 수 없다고 봅니다.

백미가 뭡니까? 그것은 쌀 영양분의 65퍼센트를 차지하고 있는 쌀눈이 다 잘려나간 것이에요. 게다가 30퍼센트나 되는 쌀겨트까지 벗겨져버린 그야말로 쭉정이나 다름없는 것입니다. 그런 백미를 주식으로 하면 반찬도 많이 먹게 되고 금방 소화가 되니까 세 끼니를 꼬박 챙겨먹어야 됩니다. 저희도 하루 두 끼만 먹고 있는데 옛날 사람들이 단지 가난해서 두 끼만 먹은 게 아닙니다. 현미 잡곡밥은 소화 시간이 많이 걸리기도 하지만 영양가도 풍부하여 반찬이 많이 들지 않고 세 끼까지 챙겨먹을 필요가 없거든요. 또한 지금의 백미 농사는 지하수를 낭비하기도 하지만 땅도 낭비하고 있는 겁니다. 벼가 땅을 차지하고 있는 기간은 6개월도 되지 않습니다. 나머지는 그냥 방치하고 있는 거예요.

그뿐만이 아닙니다. 백미는 평평한 들녘에서 재배해야 하는데 사실 들녘은 돈 많은 지주들과 상업주의에 물든 땅 투기꾼들에 의해 땅값이 좀 비싸졌습니까? 땅 살 돈을 은행에 넣으면 이자가 더 많다고 하지 않습니까. 그러나 현미 잡곡을 주식으로 하면 보리나 밀, 수수, 율무 등과 함께 이어심기, 섞어심기를 할 수 있어 땅의 효율도 높이고 지력도 지속적으로 유지할 수 있습니다. 그리고 잡곡 농사를 지으면 쌀이 많이 필요하지 않기 때문에 구태여 논벼를 고집할 필요가 없습니다."

밭벼는 수확량은 적지만 대신에 별로 일이 없다. 생명력이 아주 좋아

한번 심어놓으면 스스로 알아서 잘 자란다. 가끔 풀만 매주면 되는데, 그것도 전에 심은 보리나 밀대로 땅에 자연 피복을 해주어 별로 자라지 않는다. 그만큼 남는 시간에 다른 일을 할 수 있는 것이다.

농부의 한을 넘어 참된 농꾼의 길로

농부로서 성 선생의 삶은 한마디로 투쟁의 삶이었다. 절대 당신 자식만큼은 농부로 만들지 않겠다며 평생을 가슴에 묻고 사시던 아버지의 농부의 한을 거부하면서부터 그의 투쟁의 삶은 시작되었다. 남들은 다 농사가 싫어 고향을 등졌지만 선생은 왠지 농사가 그냥 좋아 그것말고는 생각조차 하지 않았으니, 아버지와의 싸움은 피할 수 없는 운명 같은 것이었다. 아버지라는 한 개인과의 싸움이 아니라, 이 땅의 농부들이 모두 다 안고 살아가는 '농부의 한'과 싸움이 시작된 것이다. 농자지천하지대본(農者之天下地大本)이라는 농부의 근본 지위를 위해…….

결국 선생은 고향을 등졌다. 그러나 농사를 등진 것은 아니었다. 농부의 삶을 살아가려면 싫어도 어쩔 수 없이 고향을 떠나야 했다. 그리고 우여곡절 끝에 찾아든 곳이 경기도 양주의 '풀무원공동체'였다. 선생이 21세 때의 일이다.

풀무원공동체 생활은 물고기가 물을 만난 것이나 다름없었다. 그곳에선 약 30명의 공동체 식구들이 남녀노소 구별 없이 모두 다 즐겁게 농사를 짓고 있었다. 농사가 싫어 모두 고향을 등지고 있는 현실과 너무나 달랐고, 농사를 좋아한다는 이유 때문에 억지로 고향에서 쫓겨난 자신의 처지에서 볼 때 그곳은 거의 천국이나 다름없었다.

정 선생은 그곳에서 참된 농사를 배울 수 있었다. 곧 무농약 유기농사를 배울 수 있었던 것이다. 뿐만 아니라 농약과 비료에 의존한 관행농법이란 도시의 공업화를 위한 이른바 저곡가 정책과 다수확 정책의 일환이라는 것, 그래서 관행농법에 따르면 농촌은 피폐될 수밖에 없으며 농부의 지위는 점점 나락으로 떨어질 뿐이라는 것을 배울 수 있었다. 이제야 비로소 선생은 아버지가 왜 그토록 농부의 삶을 거부하려 했는지, 그 이유를 알 것만 같았다.

또한 선생은 풀무원공동체에서 농부의 인생을 사는 데 매우 소중한 사람들을 만났다. 세상 어디에서도 만나기 힘든 훌륭한 스승들을 만났고, 동지들을 만났으며, 인생의 반려자인 아내를 만날 수 있었다. 그야말로 풀무원공동체에서 보냈던 시간은 새로운 인생의 터전을 만들어준 것이다.

그러나 마냥 그곳의 생활에 만족해할 수는 없었다. 그곳은 농사를 천직으로 하려는 사람에게는 천국일지 몰라도 농부의 한을 풀고 농부의 근본을 회복하기 위해서는 현실과 너무 동떨어져 있었다.

선생은 그곳을 떠나 다시 아버지의 한이 서려 있는 농촌으로 내려가기로 결심했다. 그러나 이제는 고향에서 쫓겨나야 했던 옛날의 자신과는 달랐다. 풀무원 생활에서 선생은 너무나 많은 것을 배웠고, 너무나 많은 것을 얻었다. 단지 갖지 못한 것이라고는 돈밖에 없었다. 그래서 더욱 의지가 살아 있었다.

"아버지의 한이 서려 있는 농촌, 자기 자식만은 절대 농사 짓게 하지 않으려는 농촌, 노인네들만이 어쩔 수 없이 살아가는 농촌, 뼈 빠지게 농사 지어봐야 빚만 남는 농촌, 그래서 희망이란 찾아볼 수 없는 농촌으로 저는 되돌아왔습니다. 비록 제가 이곳에서 내려올 때 가지고 온 재산이라고는 결혼식 때 부모님이 주신 돈으로 산 새끼 밴 소 한 마리와 송아지 한 마리, 닭 세 마리, 쌀 두 가마, 그리고 호미와 괭이 등 몇 자루의 농기구뿐이었지만 이런 가난이 저에게는 하나도 문제될 게 없었습니다.

풀무원에서 만난 여성운동가에게 소개를 받아 제가 들어간 곳은 부안에서 농민운동을 이끌고 있던 오건이라는 분이 부안군 땅을 임대하고 있던 농장이었습니다. 그게 1983년의 일이었지요. 그렇게 저는 혼자의 힘으로, 더군다나 경상도 사람으로서 아무 연고도 없는 전라도에서 무농약 농사를 시작하게 된 것입니다.

저는 이곳에서 모든 것을 처음부터 다시 시작해야 했습니다. 땅도 살려야 하고, 게다가 가진 돈은 한푼 없는데 군 땅의 임대료도 내야 하고 생활도 해야 했기 때문에 소득이 불투명한 무농약 농사를 한다는 것은 저희에게 큰 도전이 아닐 수 없었습니다. 따라서 저희 부부는 거의 돈을 쓰지 않는 철저한 절약 생활을 계획하고 농사에서부터 생활에 필요한 모든 것은 다 자급하기로 했습니다.

우리가 맨 처음 시작한 것은 주위에 있는 나무 찌꺼기, 마른 소나무 잎, 겨울 억새풀 등을 모아서 작두로 썰어 논에도 깔고 인분과 섞어 퇴비를 만드는 작업이었습니다. 손님이 오면 대소변도 아무 데나 보게 하지 않고 철저하게 인분을 받을 수 있도록 했고, 땔나무를 직접 캐서 난방비도 전혀 쓰지 않았습니다.

농사도 판매를 목적으로 하지 않고 자급에 꼭 필요한 식량류와 양념류 등의 작물을 골고루 심었습니다. 모종은 그럭저럭 탈없이 자랐습니다. 속성 퇴비를 만들어 볏모를 키워 모내기를 끝내고 고추 모종도 키워 밭에 정식(定植)을 했습니다. 그러나 역시 풀 매는 일은 결코 쉽지 않았습니다. 아내와 저는 거의 하루 열 시간 이상을 밭에서 보냈습니다. 저도 힘들었지만 아내는 더 심했습니다. 아기를 업은 채 밭일을 해야 했고, 업고 일하기가 힘들면 때로는 방에다 가두고 때로는 통에다 넣어 나오지 못하게 하고서 온종일 풀 매는 작업을 했습니다.

그렇게 고된 나날이 지나자 벼는 건강하게 자라 이삭이 피면서 나락이 점차 익어가기 시작했죠. 그러나 더 힘든 날들이 이때부터 우리 앞에 닥쳐왔습니다. 어느 날 갑자기 벌레가 나타나더니 잎 전체를 갉아먹기 시작한 것입니다. 하루, 이틀이 지나면서 잎은 점차 하얗게 변해갔고, 당연히 마을의 농민들은 너도나도 서둘러 농약을 치기 시작했고, 벌레 먹기 전까지는 우리 논을 보고 '허허, 농약 안 쳐도 농사가 잘 되는구면' 하며 신기해하던 동네 사람들의 입에서, '역시 농약 안 치면 농사가 안 된다니까. 에이 이 사람아, 빨리 농약 사다 치소. 굶어 죽으려고 그러는가? 뼈 빠지게 농사 잘 지어놓고 벌레 좋은 일 시키려고 그러는가?' 하는 말들이 나오기 시작했습니다. 아내와 저는 어찌해야 할지 방법을 찾지 못해 전전긍긍했습니다. 당시 우리가 알고 있는 벌레 퇴치 방법으로는 막걸리, 효소, 식초, 그리고 생선 고은 물을 섞어 나락에 뿌려주는 게 전부였죠. 아주 효과가 없는 것은 아니지만 이 정도 갖고는 그렇게 많은 벌레가 죽을 리 없습니다.

저는 농약을 절대 치지 않겠다는 신념과 현실의 괴리 때문에 잠을 이룰 수가 없었습니다. 밤낮으로 온 정신은 나락에만 가 있었고, 쓰러져가는 나락을 어루만져 보기도 하고 벌레도 잡아서 만져 보았죠. 아무리

두 아들은 농사일에 익숙해 있다.
콩 모종을 심고 있는 둘째 태성이와 방학 때 집에 와
거름으로 쓸 똥을 푸는 큰아들 태영이

해충이라지만 벌레도 하나의 생명인데…… 하는 생각도 들었지만, 벌레들이 내 몸을 갉아먹는 것 같아 그냥 눈뜨고 볼 수가 없었습니다.

벌레가 나타난 지 5일째 되던 날, 그 동안 침묵하며 나만 쳐다보고 있던 아내가 눈물을 흘리며 '태영이 아빠! 딱 한 번만 농약 치면 안 될까?' 하고 애원하기 시작했습니다. 먹고살아야 할 문제를 생각하니 눈앞이 캄캄해져 하는 수 없이 내린 결론이었던 겁니다. 그 동안 하루 두끼를 밀가루와 죽으로 연명하며 아무 말 없이 따라준 아내와 앙상하게 마른 자식들이 눈앞에 아른거려 저는 더 이상 버틸 힘을 잃어버렸고, 깊은 절망의 늪으로 빠져들었습니다.

'그래, 당신 말이 맞아. 가자, 가서 농약 한 병 사오자.' 그 길로 저는 단숨에 10리 정도 되는 길을 뛰어 농약방으로 갔습니다. 그리고 얼른 집으로 다시 뛰어와서는 농약을 물에 섞어 분무기에 넣고 단숨에 논으로 올라갔습니다. 마치 정신이 나간 사람 같았습니다. 10리나 되는 길을 어떻게 뛰어갔다 왔는지, 그리고 어떻게 농약을 짊어지고 논둑으로 올라갔는지조차 기억할 수가 없었습니다.

그렇게 농약으로 중무장한 채 논둑으로 올라섰을 때는 마침 해가 막 질 무렵이었습니다. 그런데 저도 모르게 순간, 붉은 노을 빛을 받으며 유난히도 붉게 빛나는 나락을 보고는 발을 멈추고 말았습니다. 나락은 바람에 흔들거리면서 춤을 추고 있었는데, 그 장면이 너무나 아름답게 비춰졌습니다. 저렇게 아름다운 나락에 어떻게 벌레가 있을 수 있을까? 하얗게 변한 나락 잎이지만 저에게는 깨끗하게만 보였습니다. 그 순간 저는 '아무리 병들어 있지만 이 나락들이 바로 살아 있는 나의 생명인데 어찌 이 독을 뿌릴 수 있단 말인가? 이것은 말도 안 되는 짓이야!' 라고 속으로 소리를 질렀습니다. 그리고 순간 내가 미쳤었구나, 라는 사실을 깨달았습니다.

저는 농약통을 걸머진 채 논둑에서 무릎을 꿇고 눈물을 흘리며 통곡했습니다. 한참을 그렇게 눈물을 흘리고는 논에서 내려와 농약을 산기슭 한쪽 구석에 땅을 파고 묻어 버렸습니다. 그러자 마음이 편안해지면서 온갖 갈등이 사라지는 것이었습니다. 물론 벌레가 사라진 것은 아니었죠. 단지 내가 먹고살기 위해 나의 욕심으로 독약을 뿌릴 수는 없다는 그런 생각뿐이었습니다. 그리고 저는 그런 체험을 통해 마음의 큰 평화를 얻었습니다. 그런 나 자신이 오히려 신기할 정도였으니까요.

그리고 일주일이 지났습니다. 그런데 이상하게도 더 이상 잎새에 피해가 오지 않는 게 아닙니까. 병충해의 주기가 빨리 지나가는 것 같았습니다. 극적인 피해는 잠깐이었고, 나락은 스스로 자연 치유를 시작한 것입니다. 자연 순환의 법칙은 이처럼 스스로 치유하도록 되어 있는 것을 몰랐던 기죠. 농약이 벌레를 이기는 것은 한순간에 불과합니다. 그러나 자연의 치유력은 농약보다 훨씬 강합니다. 자연 순환의 법칙은 벌레와 작물의 공생관계를 이루게 하여 벌레가 먹는 시기를 거치면 또한 먹지 않는 시기를 만들어내게 되어 있습니다. 저는 큰 진통을 겪고 나서야 이런 자연의 법칙을 깨닫게 된 것입니다.

그런 고통을 딛고 일어난 후 수확은 해마다 조금씩 늘어났고, 맛과 영양도 두드러지게 향상되었습니다. 그리고 기대한 대로 3년여 지나서 저희는 관행농법 못지 않은 수확을 거둘 수 있게 되었습니다."

정 선생은 그런 갖은 고생을 철저한 신념과 의지만으로 하나씩 극복해갔다. 그리고 주변의 도움과 좋은 기회가 닿아 부안에 내려온 지 2년 만에 지금의 땅 2천 평을 아주 싼값에 살 수 있었고, 그 후 8년이 지나 순전히 자신의 힘으로 모은 3천만 원으로 30평이 넘는 어엿한 양옥집도 지을 수 있었다. 무일푼으로 이곳에 내려올 때와 비교해보면 괄목할 만한 성장인 것이다. 뿐만 아니라 작년에는 농업 발전에 기여했다 하여 대통령상까지 받았다. 나중에 군수를 통해 받기는 했지만, 많은 훌륭한 스승들과 선배들이 있는데 아직 젊은 자신이 그런 상을 받는 게 너무 송구스러워 상 받으러 청와대에도 가지 않았다.

선생에게 아내는 어쩌면 자연과 같은 존재일 것만 같다. 늘 그 자리에 있어서 푸근하고, 조금만 옆길을 쳐다보는 것 같으면 잔뜩 찌푸린 날씨처럼 저기압을 깔아놓는다. 그런 아내가 있기에 젊은 시절부터 가진 것 없이 무작정 유기농에 뛰어들어 지금의 옥토를 가꿀 수 있었을 것이다.

정 선생은 어찌 보면 경제적으로나 명예적으로 매우 성공한 농사꾼인지 모른다. 그러나 그것은 표피적인 선입관에 불과하다. 그가 그런 자신의 개인 영달을 위해 그 고생을 했다면 진작에 때려치웠을 터이고 아마 그 고통을 견디지도 못했을 것이다. 물론 그도 나약한 인간이기에 그런 성과에 기분이 좋은 건 사실일 것이다. 하지만 그런 하찮은 결과에 만족할 것이라면 절대 그런 고생을 선택하지 않았을 것이라고 생각한다. 그저 농사 짓는 그 자체에 행복을 느꼈고, 자신의 무농약 농사가 얼마나 소중하고 중요한 일인가를 많은 사람들이 인정해주고 따라 해주기를 바란 것이다. 천하의 근본으로 농부의 지위가 회복되는 것을 바라는 입장에서 볼 때, 그런 하찮은 결과가 농자의 근본 지위를 회복시켜줄 수는 없는 일이기에 그에 기뻐할 수는 없는 일이다. 단지 그를 통해 선생이 바라는 것이란, 많은 사람들에게 농사에도 희망이 있음을 알려주는 데 일조할 수 있다면 그 또한 의미 있는 일이라는 정도이다.

21세기 인류의 희망은 농업에 있다

요즘 정 선생은 아주 바쁘다. 농사도 농사지만 농사 외의 일로 지역과 전국을 다니느라 눈코 뜰 새가 없다. 주로 선생이 농사 외에 하는 일은 (사)전국귀농운동본부의 귀농학교와 각 지역의 귀농학교에서 강의하는 일이다. 농사 관련 일만 해도 정농회 부안 지회장 일, 지역 유기농 작목반 일, 한울공동체 일 등 한두 가지가 아니다. 이러저러한 일로 정 선생 집을 찾아오는 손님만 해도 1년에 4,5백 명은 족히 넘는다고 한다.

농사 관련 일이야 농사 때문에라도 어차피 해야 하는 일이지만, 귀농학교 강의 같은 것들은 조금은 거리가 있는 일이라 항상 아내에게 미안한 마음을 갖고 있다. 남편의 빈자리를 항상 아내가 채워야 했고, 남편 이상 일을 잘 하여 자신이 밖으로 돌아다녀도 농사일에 지장 있는 적이 없다. 그래서 항상 아내에게 미안한 마음을 갖고 있지만 자신에게 이 일은 농사만큼이나, 아니 어쩌면 지금 당장의 농사 이상으로 중요한 일이라는 것이 선생의 생각이다.

정 선생은 귀농학교에서 강의를 할 때면 그야말로 열강을 한다. 작은 키에 햇빛에 까맣게 타버린 전형적인 우리네 농부의 얼굴을 하고서 강단에 올라와 경상도 말씨와 전라도 말씨가 뒤섞인 아주 투박한 말투로 선생이 입을 열기 시작하면, 강의의 처음부터 끝까지 듣는 이로 하여금 한 치의 흐트러짐도 용납하지 않게 한다.

"그럼 왜, 무엇 때문에 우리는 귀농해야 합니까? IMF로 일자리를 잃어 귀농하려고 합니까? 물론 IMF는 우리에게 좋은 기회를 가져다준 것입니다. 다시 돈을 벌 수 있는 기회가 아니라 빨리 철들 수 있는 기회를 말이죠.

우선 귀농해야 하는 이유는 인간적인 삶을 살기 위해서입니다. 도시에서 잘살려면 인간관계를 잘 맺어야 하지만, 시골에선 자연과의 관계를 잘 맺어야 합니다. 그런데 도시의 인간관계란 무엇입니까? 바로 경쟁적인 관계가 중심입니다. 그것도 고도로 짜여진 조직사회에서 한 치의 자유로움도 허용치 않는 경쟁주의 관계인 것이죠. 도시인들은 그런 조직사회에서 이탈하지 않기 위해 자신의 몸을 혹사하며 살아야 합니다. 과로사, 암, 갑자기 찾아오는 불치의 성인병이 늘어나는 것은 너무도 당연한 일입니다.

그러나 자연과의 관계는 사람에게 그런 감당하기 힘든 고통과 스트레스를 주지 않습니다. 자연은 빈틈없이 짜여진 일정도 부여하지 않고 사람을 로봇처럼 부려먹지도 않습니다. 그저 인간이 자신과 동화되어 하나가 되기를 바랄 뿐입니다. 그래서 자연 속의 노동은 육체적인 힘은 들지 모르지만 노동과 놀이가 따로 존재하지 않습니다. 노동 자체가 즐거운 놀이가 되는 것이지요. 그렇게 자연과 하나 되었을 때 인간관계도 경쟁적이 아닌 공동체적인 관계를 가질 수 있습니다. 시골에 와야 그래도 인간적인 정을 누릴 수 있다는 것도 바로 자연이 있기에 가능한 일인 겁니다.

귀농학교 현장 실습생들과 함께

귀농해야 하는 두 번째 이유는 올바른 가치관의 삶을 살기 위해서입니다. 도시의 가치관은 무엇입니까? 그것은 한마디로 경쟁을 통한 부와 명예와 권력의 추구입니다. 그런데 부와 권력에 대한 욕심이 지금 인류사회를 어떻게 만들었습니까? 부와 권력은 사람이 흩어져 사는 것을 싫어합니다. 그러기에 부와 권력은 중앙집권적인 독점을 추구하고 그에 맞는 거대한 도시를 만들어냅니다. 그렇게 모인 인간들은 그 내부에서 다시 조그만 부와 권력을 둘러싸고 많은 경쟁들을 합니다. 이것이 바로 문명사회의 이면이자 본질이라는 게 제 생각입니다. 그런 문명사회를 이끌어가는 원리는 강자(强者) 생존의 법칙입니다. 강자만이 살아남고 약자는 다 그 밑으로 서열화되어 살아갑니다. 이런 강자의 법칙이 자연과 인간성을 파괴했습니다. 그러나 자연의 법칙은 이와 다릅니다. 곧 적자(適者) 생존의 법칙입니다. 적자는 무엇입니까? 그것은 자연과 인간을 다 조화롭게 운영하며 하나가 되는 것을 말합니다. 공동체법칙, 곧 더불어 살 줄 아는 사람을 뜻하는 것입니다. 서로 협력하며 조화롭게 더불어 사는 삶만이 인류의 위기를 극복하고 희망을 가져다주는 올바른 가치관이며, 이런 삶을 위해서 귀농을 해야 한다고 저는 생각합니다.

그럼 마지막으로 세 번째는 무엇이겠습니까? 저는 그것을 종교적인 삶에서 찾고자 합니다. 종교적인 삶이란 자연에 대해, 생명에 대해 경외하는 마음, 신앙적인 자세를 갖는 것을 뜻합니다. 신앙적인 자세는 단순히 신에 대한 절대적인 복종을 의미하지 않습니다. 굳이 신이라고 한다면 저에게 신이란 자연이자 생명입니다. 그래서 사람은 단지 대자연의 심부름꾼에 불과하다는 낮은 마음을 갖는 것입니다.

우리가 알고 있는 종교는 1만 년이라는 역사를 가진 농사에 비해 2천 년밖에 되지 않는 짧은 역사를 갖고 있습니다. 말하자면 종교가 발생하기 훨씬 이전부터 종교적 진리는 있어온 겁니다. 어떻게 보면 종교가 생기고 나서 인간의 종교적인 숭고한 삶이 왜곡되었는지도 모릅니다. 종교는 자신의 순수한 뜻과는 무관하게 현실에서는 항상 우상화되어 왔습니다. 우상 숭배는 곧 권력 강화에 이용되었고 인간을 끝없이 소외시키기만 했습니다. 그러나 신이 대자연이라면 그것은 우상화되지도 않고 누구의 소유도 되지 않습니다. 대자연 앞에서만 숭고한 종교적 삶이 있을 수 있습니다. 또한 자연에 대한 종교적 태도, 곧 자연에 대한 절대적 신앙과 낮은 마음과 심부름꾼 같은 태도만이 공생과 조화의 삶을 가능케 합니다.

종교에서 말하는 천국과 지옥도 제 생각에는 과거나 미래에 있는 게 아닙니다. 바로 지금 내 앞에 있는 것이죠. 지금 내가 행복하면 그게 천국이요, 지금 내가 괴로우면 그것이 바로 지옥입니다. 종교적인 삶을 저는 자연에 대한 심부름꾼과 같은 태도라고 했습니다. 또한 행복한 삶은 자연에 순응하며 조화하는 것이라고 했습니다. 그렇다면 그러한 삶이 바로 천국인 것입니다. 지옥은 그러한 삶을 거스릅니다. 따라서 천국이 지금 내 앞에 있다고 했을 때 인간은 자연에 순응하는 삶을 살게 됩니다. 옛말에 농사꾼은 그저 등 따습고 배부르면 그게 행복이라고 한 말에는 다 그런 깊은 뜻이 숨어 있다는 게 제 생각입니다."

21세기가 시작된 지금, 많은 사람들이 인류의 위기를 걱정하고 있다. 인류의 위기는 바로 먹거리와 식량의 위기, 물 위기, 에너지 위기에 연유하고 있다. 그런데 위기의 본질은 모자람이 아니라 낭비에 있다는 것

을 알아야 한다. 거기에서부터 문제 해결의 열쇠가 있는 것이다.

그럼 왜 낭비를 하는가? 많은 사람들이 비생산적인 도시에 몰려 살기 때문이다. 많은 사람들이 산업주의와 경제주의 그리고 문명주의라는 환상에 사로잡혀 좁은 도시에서 바둥바둥 살고 있는 것이다. 도시는 외부에서 공급이 중단되면 한순간에 무너지는 나약한 체제이다. 그런데도 엄청나게 낭비들을 해서 귀한 자원을 쓰레기로 내다버리고 있다. 음식쓰레기로 버려지고 있는 것만 1년에 8조 원에 이를 정도이다. 그런 도시에 IMF가 찾아오는 것은 어찌 보면 필연적인 일이다. 그래서 이렇게 비대화된 도시에서는 절대 희망을 찾을 수 없으며, 도시가 살고 인간이 살려면 농촌이 다시 살아야 한다는 것이다.

'농자지천하지대본' 이라는 것도 농부만이 살겠다는 뜻은 결코 아니다. 도시와 인류 모두가 같이 살려면 길은 그것밖에 없다는 것이다. 그래서 21세기의 희망은 농업에서 찾아야 한다는 게 정 선생의 신념이며 인생의 목표인 것이다.

필자가 찾아간 마지막 날, 선생은 두 아들과 함께 똥 지게를 지며 똥을 퍼 밭에다 뿌려주고 있었다. 중학교 3학년인 태영이와 1학년인 태성이는 방학임에도 놀지도 못하고 냄새 나는 똥 지게를 하루 종일 힘들게 퍼 나르는 일이 즐겁지만은 않다. 그러나 온몸이 땀과 똥물과 똥 냄새로 뒤범벅이 되어도 어릴 때부터 해온 일이라 그냥 익숙할 뿐이다.

필자는 그 모습이 참으로 대견스럽기도 했지만, 그보다는 왕자와 공주처럼 키워지는 우리의 나약한 도시 아이들이 비교되어 순간 쓴웃음만 지어야 했다.

신바람 나게 짓는 생명의 농사

—경북 울진의 방주공동체 강문필 선생

신바람 농법

최근의 최첨단 농사 이론 중에 식물도 동물처럼 인지 능력을 갖고 있다는 주장이 있다. 이 이론에 기초한 농법으로 대표적인 것이 식물도 음악을 감상한다는 이른바 음악 농법이다. 예를 들면 미국의 '소닉블룸(Sonic Bloom)', 일본의 '자연음악' 그리고 한국의 '그린음악' 을 들수 있다.

그러나 이러한 최첨단 이론과 농법이 우리나라에선 별로 새로울 게 없다. 옛날 우리 선조들은 진작부터 그런 이론을 알고 실천해왔기 때문이다. '곡식은 농부의 발소리를 들으며 자란다' 는 속담이나 지신밟기, 사물놀이 등이 바로 그것이다.

156

"마을 입구에서 마을을 지키는 정자나무들이 왜 그렇게 크고 우람한 지 아세요? 정자나무 밑에는 대개 정자나 평상이 있어 마을 사람들이 모여 쉬거나 놀이를 하죠. 사람들은 나무 밑에서 더위를 식히며 즐겁게 얘기를 나누거나 때가 되면 사물놀이 등을 하며 마을 잔치를 벌입니다. 말하자면 즐거움을 나누는 자리입니다. 제가 볼 때는 정자나무가 한결 같이 크고 오래 장수하는 것은 항상 그 밑에서 사람들의 웃음꽃이 마를 날이 없기 때문입니다. 사람들의 즐거운 기운이 나무에 모아져 그 영향 으로 그렇게 튼튼하게 오래 사는 게 아닌가 하는 거지요.

그래서 나는 이런 생각을 그대로 농사에 적용하여 이른바 '신바람 농법'이라는 내 나름의 생명 농법을 주장하게 된 겁니다. 사람이 신바람 나면 식물도 따라서 신바람이 나 잘 자랄 것이라고 생각한 거지요."

경북 울진의 강문필 선생(47세)은 올해로 유기농을 실천한 지 15년 된 농부이다. 강 선생은 우리나라에서 유기농 고추로 제일 먼저 품질인 증을 받은 것으로 많이 알려져 있고, 솔잎 효소도 꽤 알려져 있다. 그러 나 그런 생산물을 만들어내는 선생의 신바람 농법은 별로 알려진 편이 아니다.

강 선생의 신바람 농법은, 농사란 자고로 신바람 나게 해야 그 기운이 작물에 전달되어 농사도 잘 된다는 그의 농사철학 전체를 대변하는 말 이지만 핵심은 징과 꽹과리를 이용한 이른바 음악 농법이다.

고추 농사에서 가장 큰 골칫거리는 진딧물 피해이다. 강 선생도 농약 을 치지 않기에 진딧물로 속을 많이 태워야 했는데, 어느 날 우연히 천 둥과 벼락이 친 후 우수수 낙엽 떨어지듯 그 많던 진딧물들이 밑으로 떨 어져 있는 것을 발견했다. 천둥소리에 의한 커다란 진동에 타격을 받아

진딧물들이 땅으로 떨어졌던 것이다. 진딧물은 스스로 움직이지 못하여 한 번 땅에 떨어지면 다시 올라오지 못하고 죽고 만다.

마침 정읍에서 박문기라는 농부가 논에서 해마다 풍장굿을 한다는 말을 들었던지라 강 선생은 천둥소리를 우리의 전통 타악기에 응용할 생각을 하게 되었다. 즉 징과 꽹과리같이 진동도 크고 소리도 큰 사물놀이 악기를 이용하면 천둥소리와 같은 효과를 볼 수 있을 거라 생각한 것이다. 역시 예상대로 효과는 꽤 좋았다. 아내와 함께 고추밭 이곳저곳을 돌며 신나게 징과 꽹과리를 쳐댔다. 금방 진딧물들이 떨어진 것은 아니었지만 이삼일 지나 보면 땅으로 우수수 떨어진 그놈들을 발견할 수 있었다.

"진딧물을 소리의 큰 충격으로 떨어뜨린다면 작물에게도 좋지 않은 영향을 주지 않겠냐고 하겠지만 절대 그렇지 않습니다. 우리의 타악기는 아무리 소리가 커도 절대 소음이 아닙니다. 자연의 소리를 모방한 것이기 때문이죠. 그린음악 농법을 만든 농업과학기술원의 이완주 박사 말에 따르면, 록이나 헤비메탈같이 소리가 큰 서양의 기계적 음악은 소음이나 다름없어 작물에게 매우 좋지 않은 피해를 주지만 인도음악이나 동양의 전통음악은 오히려 작물에 좋다고 합니다. 제가 하는 진딧물 퇴치 음악도 단지 소리의 진동을 이용한다는 기술적인 측면보다는 신나게 음악을 들려주어 작물들의 흥을 돋워주자는 데 더 중점이 있습니다. 그래서 우리는 징과 꽹과리를 칠 때 그냥 치는 게 아니라 장단에 맞춰 신나게 한판 놀 듯이 칩니다."

이완주 박사의 연구에 따르면, 음악은 음파로 벌레에 영향을 주기도 하지만 식물이 벌레에 저항할 수 있는 성분을 만들어내는 데에도 영향을 준다고 한다. 『생태농업을 위한 길잡이』를 보면 이 박사가 쓴 '그린음악 농법'이 자세히 소개되어 있다.

그뿐 아니라 음악은 식물의 성장을 촉진시켜준다든가 수확량을 높여주는 여러 가지 긍정적인 효과를 미친다고 한다. 그래서 음악 농법은 단순히 진동이 강한 음파를 쏘이는 것이 아니라 식물이 성장하는 데 골고루 좋은 영향을 주기 위한 것이다.

식물에게 좋은 음악이라면 당연히 사람에게도 좋다. 그렇다면 음악을 들려주는 사람이 우울한 마음이라면 아무리 좋은 음악도 좋게 들려지지 않을 것이다. 사람 마음이 즐거워야 음악도 즐겁고 따라서 식물도 즐거워지게 마련이다. 거기에 강 선생이 말하는 신바람 농법의 요체가 있는 것이다.

식물도 음담패설을 좋아한다

강문필 선생은 더운 여름날이면 발가벗은 채로 밭에서 일하기도 한다. 선생의 집이 산골짜기에 외따로 있어 아무도 찾아오는 이 없으니 발가벗고 일하더라도 누구 눈치 볼 일이 없다. 그러다 한 번은 발가벗고 일하는 모습을 오랜만에 골짜기에 올라온 마을 이장에게 들켜 정신 나간 사람으로 오해받은 적도 있다고 한다.

"음담패설이라고 하는 야한 이야기를 식물도 좋아합니다. 왜 그런가 하면, 야한 이야기는 원래 배꼽잡고 웃게 만드는 얘기이기 때문입니다. 언젠가 품하러 올라온 아주머니들에게 장난기로 야한 이야기를 해주었더니 다들 재미있어라 듣더란 말입니다. 그렇게 밭에서 모두들 깔깔대며 웃는데 작물이라고 기분이 좋지가 않겠습니까? 또 야한 이야기가 무엇입니까? 그것은 바로 생산적인 얘기입니다. 야한 얘기를 들으면 생산하고픈 욕구가 들잖아요? 식물이라고 그런 얘기를 들으면 생산욕구가 안 들겠습니까? 당연히 들게 되어 있습니다. 그러니 식물도 야한 이야기를 좋아한다는 겁니다."

실제로 고대 시대에는 농사 의식(儀式)의 하나로 밭 한가운데에서 남녀가 그 일을 했다고 한다. 남녀의 생산 기운을 그대로 식물들에게 전달해주어 더욱 생산을 촉진하자는 뜻이었을 게다. 우리나라에도 보름달이 뜬 밤에 발가벗은 장정이 밭에 나가 쟁기로 밭을 가는 이른바 나경(裸耕)이라는 풍습이 있었다고 한다. 보름달은 풍요를 상징하고 땅은 여자를 상징하며 장정은 기운 센 남자의 물건을 상징하므로 나경은 풍년을 기원하는 하나의 의식이었던 것이다.

옛날 시골에서 수수밭을 은밀한 데이트 장소로 애용했던 젊은 남녀들이 그런 뜻을 가졌을 리는 만무하겠지만, 그와 무관하게 열을 뿜는 젊은이들의 기운이 작물들에게 좋은 영향을 주었을 거라는 상상도 해 봄직하다.

시련, 좌절 그리고 재기로 점철된 유기농 인생

유기농사를 하려면 3대가 굶어 죽을 각오를 해야 한다는 말이 있다. 그만큼 유기농이 어렵고 힘들다는 말이다. 15년 동안 그런 힘든 유기농 을 해온 강 선생은 힘든 농사만큼이나 숱한 고생과 우여곡절로 점철된 삶을 살아왔다.

초등학교를 졸업한 후 가출하여 이발소 보조원을 거쳐 농사 짓기 전 까지 했던 탄광부라는 이력에서 우리는 금방 선생의 인생 역정을 엿볼 수 있다.

"제가 여덟 살 때 어머니가 돌아가시고 아버님 혼자서 일곱 남매를 키우셨는데, 한학을 하셨던 아버님은 학교 교육을 반대하셨어요. 초등 학교 때 존경하던 선생님이 있어 이 다음에 교사가 되는 게 꿈이었지만 워낙 완고하셔서 어쩔 수 없었지요. 아버님 밑에서 천자문을 배웠는데, 낮에는 뼈빠지게 일 시키고 밤에 들어오면 공부를 시키는 겁니다. 그것 도 꼭 무릎을 꿇고 말입니다. 어머니도 안 계시고 결국 견디지 못해 가 출하고 말았지요. 그때가 열여섯 살이었어요."

그리고 어느 시골의 이발소 보조원으로 취직한 후 열심히 일을 배워 스무 살 때 직접 이발소를 차리고 결혼까지 했다. 얼마 후 이발소 사업 은 거덜나고 하는 수 없이 들어간 곳이 동네 근처에 있던 광산이었다.

이른바 밑바닥 인생이라 불리는 탄광부 생활이 다 그렇듯이 강 선생의 생활도 밑바닥을 헤맸다. 허구한 날 술로 세월을 보내고, 아무도 말리지 못하는 주사도 늘어 주변으로부터 따돌림당하고 결국 유치장 신세를 지기까지 했다.

왜 내 인생이 이렇게 되었나 자책하다 선생이 선택한 것은 기독교로의 귀의였다. 그리고 곧장 탄광부 생활을 때려치우고 퇴직금으로 땅을 마련하여 농사를 짓게 되었다. 선생이 처음 시작한 것은 배추농사였다. 물론 당연히 농약과 화학비료에 의존한 관행농사였고, 고랭지 채소가 시세가 좋다고 하여 선택한 것이었다.

"다시 일어설 생각으로 진짜 열심히 일했습니다. 남들 세 번 농약 치면 나는 다섯 번 쳤으니까요. 그때는 농약이 나쁜지 알았습니까? 농사를 열심히 짓는 게 바로 열심히 약 치는 것이라 생각했지요. 그리고 한편으로 열심히 하느님께 기도를 드렸지요. 헌금을 많이 내면 복 준다기에 돈 없을 때는 빚을 얻어서라도 헌금을 냈습니다. 그런데 하느님은 나를 도와주시지 않았습니다. 배추농사를 하는 3년 동안 배추 값이 폭락하여 결국 1천2백만 원이라는 빚만 남아버렸지요. 나중엔 빚쟁이로 소문이 나 농협이든 어디든 빚을 내주는 사람도 없었습니다.

내가 할 수 있는 것은 기도뿐이었습니다. 왜 그러지 않습니까? 뚫린 것은 하늘뿐이라고……. 처음엔 따지듯이 기도를 드렸습니다. 열심히 기도도 드리고 교회도 다니고 헌금도 많이 했는데, 왜 나에게만 이런 시련을 주시냐고요. 그러나 그게 어디 답이 나올 얘기입니까? 그러다 우연히 성경에서 답을 얻게 되었지요. 「이사야서」인가 본데, '너의 소행을 살펴보라, 네 손에 피가 가득한 것을……' 이라는 말이었을 겁니

"음담패설이라고 하는 야한 이야기를 식물도
좋아합니다. 왜 그런가 하면, 야한 이야기는
원래 배꼽잡고 웃게 만드는 얘기이기 때문입
니다."

다. 내 가족 먹을 것은 농약을 안 치면서 이웃이 먹을 것에는 세 번 칠 것을 다섯 번이나 쳤으니 그게 바로 피가 가득하다는 것이죠. 정신이 번쩍 들어 바로 가지고 있던 농약과 제초제를 친구에게 줘버렸습니다. 밭에다 버릴 수는 없고 그 친구는 약을 쓰니까 주었는데, 지금 생각해보면 이도 잘못한 것 같아요."

강 선생이 제일 먼저 접한 생태농업은 일본의 자연농법가 후쿠오카 마사노부(福岡正信)의 책이었다. 선생은 무농약, 무비료, 무경운, 무제초의 4무농법으로 대표되는 자연농법에 아주 매료되어 그 말 그대로 실천하는 생활을 시작했다. 잡초와 함께 짓는 이른바 자연농법으로 농사를 했더니 수확은 말이 아니었다. 감자 한 가마를 심으면 겨우 네 말 정도 나올까말까였고, 곡식 밭인지 풀밭인지 분간이 가지 않았다. 그러나 돈 벌 욕심은 저 멀리 팽개치고 먹을 것만 짓기로 했기 때문에 마음만은 정말 편했다. 가끔 아내와 그 당시를 떠올리면, 지금이야 물질적으로 보면 그때보다 훨씬 부자이지만 오히려 그때가 제일로 행복했던 것 같다고 말하곤 한다. 비로소 자연의 오묘함과 깊이를 깨달을 수 있었고, 자연 속의 기쁨을 맘껏 즐길 수 있었다.

그러나 역시 시련이 없으면 인생은 깨달음이 있을 수 없는지 또 다른 시련이 닥쳐오고 있었다. 강 선생이 다니는 교회에 진보적인 목사님 한 분이 계셨는데, 선생의 농사를 보더니 이것이야말로 참된 신앙 생활이라 극찬하시며 여기저기 강의를 다니게 한 것이다.

"한 번 강의를 나가면 강의료로 10만 원을 받았습니다. 3일치 일당이나 되는 거금이었죠. 또 강의를 나가면 호텔에서 재워주지, 칼로 써는 고기 음식 먹여주지, 게다가 많은 사람들이 제 강의를 듣고 박수를 쳐대니 점점 제 마음이 오만해져간 겁니다. 하느님이 나에게 무슨 특별한 사명을 주어 이렇게 다닌다고 스스로 자부하며, 또 어디서 강의 부탁하지 않나 하고는 농사에는 점점 관심이 멀어졌지요. 그러다 강의 들은 사람들이 제 밭 구경을 하러 오면, 엉망이 되어 있는 밭을 앞에 두고 나는 이런 것이 자연농법이며 바로 성경적인 농법이라고 태연스럽게 떠들어댔습니다. 사실 사기 친 것이나 다름없지요. 그러나 농사를 그렇게 짓는데 오래갈 리가 없었습니다. 가세는 다시 기울어가고 이대로는 더 이상 농사도 지을 수 없어 주머니를 털어 남은 돈 백만 원만 갖고 아내와 자식들을 데리고 나왔습니다. 땅은 음지인데다 농사도 제대로 짓지 못해 팔지도 못하고, 나는 어느 교회에서 운영하는 목장에 취직하고 아내는 영주에서 남의 집 식모살이를 하는 신세가 되고 말았지요. 또 시련의 시절이 찾아온 겁니다. 물론 과거에도 그랬지만 역시 내 스스로 판 무덤이었죠."

새롭게 문을 연 방주 농장

목장의 생활은 별로 오래가지 못했다. 많지도 않은 월급에 일요일 없이 일해야 하는데, 주일날 예배를 보느라 일을 빠지면 그조차 월급에서 제하고 주니 오래 있을 수가 없었다. 다시 땅으로 돌아와 바깥 출입을 끊고 혼자 지내게 되었다. 기본적인 신앙심은 변치 않았지만 현실의 교회에 대해서는 회의가 들기도 하여 다른 종교는 어떨까 관심 갖고서 불경을 공부하게 되었다. 뭔가 교회에서 말하는 하느님은 추상적이기만 하고 자신에게는 한 번도 구체적인 모습으로 나타나지 않으니 회의가

농사를 지을 때는 항상 즐거운 마음으로 해야 한다. 찌푸린 마음을 가지면 그것이 식물에 전달되어 제대로 자랄 수가 없기 때문이다. 특히 강 선생은 신바람 나는 마음을 강조한다. 그럼 어떤 게 가장 신바람 나는 일일까? 그것은 아마도 생명을 낳는 일일 텐데, 그래서 식물도 음담패설을 좋아하는가 보다.

든 것이다. 교회에 찾아가는 것보다 비록 가난에 찌들었지만 초야에 묻혀 이렇게 자연과 함께 사는 일이 행복했고 평화로웠다.

"이슬이 영롱하게 맺혀 있는 해뜰 무렵, 아침 일을 하러 나갔다가 풀 속을 뒤집으며 나는 하느님을 보았습니다. 풀 속에서 수많은 벌레들이 부산하게 움직이고 있는데, 그 모습이 얼마나 감동적이고 황홀한지 멍하니 몇 시간을 쳐다보고 있었습니다. 아하, 이야말로 나에게 진짜 하느님이구나 하는 걸 깨달았죠. 말하자면 자연의 모든 것이 하느님이라는 걸 알게 된 겁니다. 그냥 머리로 안 게 아니라 문득 직관으로 확 깨달음이 밀려든 것이죠. 머리로는 그 전부터 알고는 있었지만 이렇게 구체적인 체험으로 깨달은 것은 처음이었습니다. 그래서 불경 공부를 하게 된 겁니다. 불경에서는 '하늘과 땅 사이에 부처 아닌 것이 없다'고 하잖아요. 그럼 그 부처를 하느님으로 바꾸면 하느님 아닌 게 없는 것이죠."

인생은 새옹지마라고 하듯이 시련 속에서도 새로운 희망이 강 선생을 기다리고 있었나 보다. 지금의 땅이 절로 선생 앞으로 찾아온 것이다. 도시에 사는 어떤 사람이 귀농을 준비하려고 선생을 찾아와 땅 좀 알아봐달라고 부탁한 것이 계기였다. 아무 생각 없이 지금의 땅을 소개해 주었는데, 당장 귀농할 사정이 되지 않으니 당신이 한 3년 농사를 짓다 물려달라는 것이었다. 그렇지 않아도 기존의 땅은 농사도 잘 되지 않는 음지여서 여유만 있다면 새로 땅을 구하고 싶었는데 아주 잘된 일이었다.

새로운 땅에서 선생은 진짜 새로운 마음으로 열심히 유기농사를 지었다. 그리고 약속한 3년이 지나자 땅 주인은 아무래도 귀농할 자신이 없었던지 자기가 산 가격만 주고 땅을 인수했으면 한 것이다. 그 동안 열심히 일한 덕에 모아둔 돈도 있고 저번 땅을 처분한 것까지 보태어 지금의 땅을 장만할 수 있었다.

1996년에는 국내 최초로 '무농약고추 품질인증마크'를 얻었고, 유기농 직거래 유통단체인 '사단법인 한살림'에 판매할 수도 있게 되어 사정은 점차 좋아지기 시작했다. 예전에는 아무리 어렵게 유기농으로 생산을 하여도 일반 시장밖에 내다 팔 데가 없었고, 설사 나가 팔더라도 벌레 먹고 못생긴 걸 쳐다보지 않아 제 가격 받기도 힘들었다. 그 시절에 비하면 사정이 엄청 바뀐 것이다.

이에 힘입은 강 선생은 마을 사람들을 설득하여 유기농 작목반을 만들게 되었다. 아홉 농가가 참여하고 이름도 자신의 농장 이름을 따서 '방주공동체'라 지었다.

"유기농은 방주를 만들었던 노아 할아버지처럼 세상을 구하는 일입니다. 나 혼자만 살려는 일이 아니죠. 설사 미친 짓 한다고 매도당하고 멸시당해도 미래를 준비하기 위해선 같이 살 준비를 해야 합니다. 그래서 공동체를 준비한 것인데, 여기에는 사람만이 들어가는 게 아닙니다. 노아의 방주에 모든 생명체들이 들어갔듯이 우리 농장에는 사람을 포함한 모든 생명체가 들어와 공생의 삶을 누려야 하는 것입니다."

희망은 다시 시련을 만들고

희망찬 미래를 위해서는 담금질이 더 필요한 것인지 요즘 강 선생은 또다시 약간의 시련을 겪고 있다. 공동체 운동이 뜻대로 되질 않는 것이 영 선생의 마음을 불편하게 하고 있는 것이다. 아무래도 자신의 덕이 부족한 때문인지 모든 게 자꾸 엇나간다는 느낌이다.

자기 혼자만 잘살려고 하면 얼마든지 자신은 있지만, 생명의 농사라는 게 그런 것이 아니기에 더불어 살아보자고 한 자신의 뜻이 쉽게 풀어지지 않는다. 뭔가 뜻만 앞섰지 모든 걸 끌어안을 수 있는 내면의 준비가 아직은 되질 않은 것 같기만 하다.

역시 공동체란 단지 이념과 사상만 갖고 되는 일이 아니라는 걸 절실히 깨닫게 한 세월이었다. 우리 조상들이 누대에 걸쳐 누려온 공동체가

강문필 선생네 사랑방

무엇이었던가? 한순간에 바람이 불 듯이 만들어진 게 아니라 오랜 세월 동안 쌓이고 쌓여 만들어진 것인데, 그것을 다시 복구한다는 게 결코 쉬운 일만은 아닌 듯싶다.

백 년의 근대화 과정에서 우리는 조상으로부터 물려받은 땅과 그 위에서 오랜 세월을 지켜온 공동체 문화를 하나도 남김없이 깨뜨려왔다. 그렇게 해서 만들어낸 것이 도시라는 거대한 문명의 공룡인데, 그걸 어떻게 한 세대의 힘만으로 원상 복귀시킬 수 있겠는가. 백 년의 파괴 과정이 있었다면 적어도 그만큼의 세월이 투자되어야 다시 원점으로 돌아갈 수 있는 것이 아니겠는가.

한 가족이 함께 살아가는 데도 수많은 갈등과 반목, 이 있고, 다시 사랑과 평화를 반복하며 그 가정을 살찌워 가듯이, 공동체 운동 또한 그런 숱한 우여곡절을 겪으며 제자리를 찾아가는 것이리라.

제3부

공동체

녹슨 쇠의 무딘 날이 풀무불 속에서 쓸모 있는 연장이 되듯…

오리가 가져다준 마을 운동

―충남 홍성군 문당마을 주형로 선생

'나눔의 집'인 교육관

충청남도 홍성군 홍동면 문당리는 전형적인 농촌이다. 사방 눈길 닿는 대로 널찍한 논들이 펼쳐졌으며, 주민의 90퍼센트 이상이 논농사를 주업으로 삼고 있다. 이 마을이 다른 농촌과 다른 점이 있다면 마을 주민의 절반이 오리 농법으로 논농사를 짓는다는 것이다. 자연과의 합일을 이루는 삶, 생명을 소중히 섬기는 정신을 마을 사람 모두가 공유하고 있으며, 나아가 근대화 이후 깨어져버린 농촌공동체를 되살리기 위하여 마을 사람들이 힘을 모으고 있다.

지난해 12월, 이 마을에서는 조출한 기념식이 벌어졌다. 1년 전만 해도 청청한 소나무 몇 그루에 둘러싸인 빈터였던 마을 들목 야산에 교육

관과 숙소, 두 채의 아담한 흙집이 들어서 마을을 굽어보며 섰으니 그 건물, '홍성 환경농업 교육관'의 준공식이 마을 주민들과 공사 관계자, 녹색연합 대표들이 모인 가운데 열린 것이다.

이 준공식이 가지는 의미는 크다. 1999년 '홍성 환경농업 시범마을'로 지정된 지 근 1년 만에, 그 동안 마을 사람들의 공동 바람이었던 생태적 공동체를 향한 본격적인 시발점을 알린 것이어서, 참석한 사람들 모두가 감격스럽고 흡족했다. 특히 시범마을 영농조합법인 대표 주형로 선생(42세)의 감회가 새로웠을 터인즉, 마을이 이만큼 꾸려지기까지 주도적인 인물로 열성을 다해온 이가 바로 그였기 때문이다.

주형로 선생에 따르면, 이 교육관은 "문당마을이 유기농업을 추구해온 결과 땅이 되살아나고 훼손되었던 공동체적 생활양식이 조금씩 회

복되면서 거둔 소중한 열매"로서, "파괴된 환경과 공동체적 삶을 되살리는 생태마을을 만든다는 백 년의 원대한 꿈을 실현하는 구심체가 될" 터전이다.

또한 "이 땅에 환경농업을 널리 확대 보급하고, 농촌의 생산자와 도시 소비자 간의 신뢰를 회복하며, 자라나는 세대들에게 농업과 환경에 대한 올바른 인식을 심어주는 배움터"가 되기도 할 것이다.

지식과 농업 기술을 나누고 양식과 마음까지 나누며 마을의 온갖 희로애락을 함께 할 '나눔의 집'이 교육관이요, 온 마을 사람들과 마을을 찾는 이들이 편히 쉬어갈 수 있는 곳이 숙소로서, 이 마을 백년대계를 이루기 위한 온갖 사업과 교육이 펼쳐짐은 물론, 피폐해진 농촌 살림을 되살려 전통적인 두레공동체를 복원해나가게 될 것이다.

풀무학교와 맺은 평생 인연

주형로 선생은 8년 전인 1993년에 마을에서 최초로, 홀로 오리 농사를 짓기 시작했다. 애초에 농약을 거부하고 오리 농사를 짓게 된 것은 그가 문당마을에 이웃한 풀무농업고등기술학교 졸업생이라는 사실과 무관하지 않다. 널리 알려져 있다시피 풀무학교는 정농회와 더불어 우리나라 유기농업의 산실이자 중심지라 할 만한 곳이며, 국내에서는 유일하게 유기농업을 중점적으로 가르치는 농업학교이다.

1958년에 설립될 때부터 이 학교는 '농업은 생명을 유지하는 가장 중요한 산업이요, 고향 또는 지역 자립의 중요한 기초'임을 인식하고 농업학교를 자청했으며, '위대한 평민', '더불어 사는 평민'을 목표로 내세웠다. 평민이란 '자각한 존재'로서, '믿음과 교양과 독립하는 생활력을 갖춘 사람'을 일컬으니, 그 이념대로 머리와 손을 함께 쓰는 전인교육을 받은 학생들은 '인생의 창업생'으로서 학교를 졸업한다.

졸업생들은 거개가 홍성 지역에 터를 잡고 활발한 지역 살림 운동을 벌임으로써 학교와 유기적인 관계를 맺고 있다. 풀무생협 유기농업 생산자회, 풀무 신용협동조합, 갓골어린이집 등은 학교에서 시작하여 이제는 주민들이 자립적으로 운영하고 있는 단체들이며, 우리나라 지역신문의 효시를 이루는 홍성신문, 국산콩으로 된장, 고추장, 간장을 만드는 바른식품, 자가 배합한 사료를 먹여 건강한 소를 키우는 홍동한우 또한 졸업생들이 꾸려가고 있다.

지역 학교 출신들이 그곳을 떠나지 않고 지역 안에 또아리를 틈으로써 그 지역의 생산 유통조직과 가공산업, 교육, 문화활동, 환경, 농민단체, 언론 등의 여러 분야에서 활동하며 지방 기초 분야의 틀을 다잡아

나가고 있으니 홍성, 그 중에서도 홍동면은 그야말로 '자각'한 지역민들이 지역 살림을 튼실히 일구는 보기 드문 진정한 자치 지역이라 할 수 있다.

그 중에서도 문당마을은 그 살림의 가장 기초가 되는 유기농업의 실천을 맡고 있다 하겠는데, 그 자신의 몸에 밴 생활철학, 풀무학교에서 배운 농업의 중요성과 더불어 사는 평민의 정신을 선생이 흔들림 없이 확신하고 올곧게 실천에 옮김으로써 문당마을의 오늘이 이루어졌다 하겠다.

풀무학교를 졸업한 주형로 선생이 오리 농사를 처음 시작할 무렵에는 이 마을에서도 농약을 쓰는 관행농이 절대적인 우위를 차지하고 있었다. 선생은 애초에는 오리를 쓰지 않고 일일이 손으로 풀을 뽑아가며 농사를 지었는데, 그 수고를 도저히 감당할 수 없었다. 그러나 자신이 배우고 깨우친 진실, 자연과 더불어 사는 삶을 실천하기 위해서는 결코 농약을 쓸 수 없었으니 10년이 넘도록 주위의 비웃음을 받아가며 고군

분투하던 어느 날, 풀무학교의 홍순명 교장이 일본 잡지에 실린 오리 농법 기사를 손수 번역하여 보내왔다. 서슴없이 실행에 옮긴 선생은 홍성 농촌지도소의 지원을 받아내는 한편, 이웃의 친구 하나를 설득해 만 평 논에 오리를 풀었다.

농사는 대성공이었다. 처음에는 미쳐도 단단히 미쳤다며 수군대던 마을 사람들도 농약 없이 오리가 지어놓은 실한 농사를 보고 감탄을 연발했는데, 선생은 이 '기막힌' 농사법을 자기 혼자 차지할 것이 아니라 온 마을 사람들과 '더불어' 해야 한다고 생각했다. 이런 생각을 한 데는 그만한 이유가 있다.

'더불어 사는 운동' 에 대한 확신과 성심

평소 농민운동이며 농촌운동에 대해 진지한 고민을 하던 터였고, 그 자신 정농회원으로서 정농회 홍성 지회장이자 정농회 수도분과(水稻分科) 위원장이라는 직책을 맡고 있었다. 그러나 선생이 보기에 각 단체 안에서나 단체들 사이에서는 활동이 활발히 일어나지만, 그 힘이나 성과가 마을에 미치는 영향은 적었다. 오히려 어떤 단체든 그 속성상 단체 이기주의에 빠질 염려가 큰데, 그것은 마을의 힘이 되기보다 종종 공동체 문화에 좋지 않은 영향을 끼치는가 하면, 마을에서 자발적으로 일어나는 운동보다 힘도 없다고 본다.

선생은 정농회원일 뿐만 아니라 문당마을 사람이기도 했다. 그런 맥락에서 근래에 일고 있는 생태공동체 운동이나 생태마을 조성 등을 긍정적으로만 보지는 않았다. 같은 생각을 가진 사람들 '끼리끼리' 자신을 지키고 발전시킬 수는 있으나 옆으로, 아래로 확산하여 커지지는 않는다고 보았다. 깨인 사람들끼리 새로운 땅을 찾아 나서는 일도 필요하겠지만, 나날이 피폐해지는 우리 농촌을 안에서부터 새롭게 일구는 일이 더 중요하다고 보았다. 정농회원이나 풀무 졸업생뿐만 아니라, 마을 토박이들은 물론이요 귀농자들까지 포함된 마을의 다양한 구성원들을 함께 껴안고 가는 것이 '더불어 사는' 바른 길이며, 그런 운동이 바른 운동이라 믿었다. 그 길이야말로 위대한 평민을 키울 수 있는 길이기도 했다. 종내 선생은 정농회 홍성 지회장 자리를 물러났으며, 그 연대관계를 유지하면서 마을 운동에 열성을 쏟고 있다.

선생은 첫 농사를 성공적으로 마친 그 해 겨울, 지적도를 갖다놓고 30센티미터 줄자를 이용해 자기 논 중심으로 사방을 그어보았다. 그러고는 그 안에 들어가는 논 임자 열아홉 명을 일일이 찾아가 설득을 했다. 우루과이라운드가 한창 입에 오르내리고, 농촌이 우르르 꽝꽝 무너진다며 걱정이 태산 같을 때였다. 그러한 사회경제적 상황이 '환경농업을 통한 경쟁력 있는 농사'를 주장하는 그의 설득에 힘을 실어주어 열아홉 집 모두가 오리 농사에 동참하게 되었다. 3만 평이 넘는 넓이였다. 그렇게 시작된 오리 농사 운동이 이제는 전체 80가구의 절반인 마흔 가구, 논 20만 평에 이른다.

선생은 나아가 '도농일심', 도시와 농촌이 함께 짓는 농사를 제안했다. 땅을 지키고 생명을 살리며 건강한 양식을 만드는 일에 농촌의 생산자와 도시의 소비자들이 함께 참여해야 한다는 생각에서였다. 어느 모임에서 저간의 사정을 설명하고 "오리를 보내주세요"라고 한 선생의 청이 중앙 일간지 한 귀퉁이에 실렸는데, 사흘 동안 전국에서 340명쯤이 1,950만 원을 보내주었다. 그 돈으로 오리를 사고 필요한 시설도 갖출 수 있었다.

그 노력의 결과 1994년 6월 6일, 우리나라에서는 처음으로 오리를 논에 넣어주는 '오리 진수식'이 성대하게 치러졌다. 비록 몸은 도시와 농촌으로 나뉘어 있다지만 마음만은 하나로 어우러져 생명 공경과 자연과의 조화를 체험한 날이었다. 예컨대 오리를 논에 풀어놓기 전, 선생은 행사에 참가한 아이들에게 당부했다. "오리를 덜렁 던지지 말고, 너희들 마음속의 이야기를 오리에게 들려주고 조용히 놓아주면 좋을 게다." 아이들은 그 말대로 "농사를 잘 되게 해주라"느니, "건강하라"느니 하면서 조용히 풀어주었다. 우리의 일상이라는 것이 습관적인 반복에 의해 이루어진다는 것을 생각하면 참으로 중요한 당부요 체험이었다. 이 행사는 이후 전국의 오리 농가로 퍼져나갔으며, 현재까지 이어지고 있다.

자연을 스승으로 섬기는 농사

한편, 선생은 흑미로 눈을 돌려 중국에서 들여온 씨를 구입해 재배한 결과 풍성한 수확을 거두었다. 맛도 좋고 색깔도 특이한 이 쌀을 보고 홍동농협에서 특산품 제의를 해왔고 이는 다시 마을에 전파되었으니, 1996년부터는 일반미와 흑미 생산량 전체를 홍동농협과 사전 계약하여 선수금을 받고 생산하고 있다.

문당마을의 오리농 쌀은 1997년에 무농약 품질인증, 1999년에 우기재배 품질인증을 받았으며, 정농회와 손잡고 만든 '정농 환경보전 오리

농업단지' 명의로 특산물 품질인증도 받았다. 이어 1999년에는 문당마을 자체로 '홍성 환경보전농업 시범마을 영농조합법인'을 만들어 농림부로부터 인가를 받는 한편, '환경농업 시범마을'로 선정되었다.

그 몇 년 사이에 주형로 선생은 마을 주민들과 의논하여 해마다 법인의 전체 수익금에서 일정액을 떼어 환경기금을 만들었다. 2000년 12월에 세워진 교육관과 숙소, 그리고 그 터가 된 마을 들목의 야산 구입이 바로 그 기금의 용처다.

이 교육관과 숙소를 짓기까지 마을 사람들이 들인 공은 대단했다. 돈도 돈이려니와 한여름 농번기에 네 사람씩 조를 짜 돌아가며 흙벽돌 3만 2천 장을 찍었는가 하면, 서까래를 만들기 위해 생목 750개를 사 일일이 깎았다. 처음에는 "사서 쓰면 될 것을 사서 고생한다" 소리도 나오고 불평들도 많았으나, 선생은 주민들을 설득했다. 차츰 주민들은 내 손으로 찍고 깎아 만든 재료로 만드는 집에 대한 자부심과 만족을 갖게 되었다. 그 집은 다름 아닌 마을 주민 모두의 공동의 집일진대, 오가는 길에 마주치는 서까래 하나, 벽돌 한 장마다 애정과 감회가 남다를 수밖에 없을 터이다.

애초에는 '경쟁력 있는 농사'란 말에 설득을 당했다지만, 그 이후의 변화에서 알 수 있듯 문당마을의 힘은, 마을 사람들이 유기농으로 떼돈 벌겠다는 식의 경제적 이윤 추구의 자세에서 벗어나 스스로 '의식화' 되어갔다는 점에 있다. 주형로 선생이 천적에 의해 순환되는 생태계 도감을 집집마다 돌린 일은 있으나 그뿐, 생태 이론이며 자연과의 조화 등을 교육받은 일도 없건만, 많은 이들이 자연계의 순환을 이해하고 설명하며 유기농업에 대한 자부심에 차 있다. 가장 두드러진 변화는 오리

쌀 농사를 지으면서 마을 사람들의 심성이 온순해지고 공동체적 사고
방식에 익숙해졌다는 점이다.

주형로 선생은 그 점에 감사한다. 물론, '진심으로는 어떤 상대방도
변화시킬 수 있다'는 평소의 신념, 한 번도 흔들리지 않았던 그 성심이
무엇보다도 마을 사람들의 변화를 불러일으킨 가장 큰 힘이었을 게다.
그러나 선생은 그보다도 자연의 경이로움, 위대함이야말로 어떤 이론
가보다 뛰어나고 훌륭한 스승이라 생각한다. 온갖 생명이 살아 있는 맑
은 논물도 그렇거니와, 오리 농사 초기에 그 자신이 깨달았듯 마을 사
람들 또한 '둥글둥글 모나지 않게 함께 잘 돌아다니는' 오리들을 보면
서 더불어 사는 삶의 중요함과 가치를 깨달은 것이다. '오리가 가져다
준 지역 운동', 이야말로 진정 가치 있고 바람직한 의식화이며 실천이
라 하지 않을 수 없다.

백 년 앞의 마을을 꿈꾸다

농촌공동체를 되살리는 일이 현실의 성과에 대한 만족으로 이루어질
수는 없다. 주형로 선생이 마을의 백년대계를 그린 것도 그 때문이다.
사람과 자연의 조화가 이루어지는 마을, 가난한 사람도 부자도 없는 마
을, 이것이 그가 꿈꾸는 바람직한 마을이니, 선생은 '21세기 문당마을
발전 백년 계획'이라는 원대한 계획을 녹색연합에 용역을 주어 세우도
록 부탁했다. 교육관 준공식이 열린 날, 그 연구팀을 총괄한 양병이 서
울대 환경대학원 교수는 주형로 대표에게 그 계획서를 전달했다.

그 계획을 대략 훑어보자. 우선 '넉넉한 문당리'를 만들기 위해 오리

마침 취재 차 만나기로 한 날은 선생이 '신지식인상'을 수상한 다음날이어서 축하와 함께 소감을 물어보았다. 허나 예상과 달리 선생은, 이런 상은 오히려 마을 발전에 해가 되면 되었지 결코 좋을 일이 없다고 했다. 어느 공동체이든 한 개인이 부각되면 그만큼 공동체의 화합은 손상이 가게 마련이라는 것이다. 이런 개인상말고 마을상을 제정하여 실제로 마을의 발전에 보탬이 되었으면 하는 게 선생의 바람이다.

농 쌀을 세계 최고의 품질을 지닌 쌀로 개발하며, 새로운 소득원을 개발하기 위해 한약원과 한우원을 짓고 환경농산물을 가공, 판매한다. 다양한 방식으로 도시와 교류를 지속하며, 마을의 공동체적 삶을 더욱 견고히 한다. 즉 사유재산의 구별은 분명히 하되 공동 투자와 공동 관리, 공동 분배의 부분이 더욱 커지며, 마을 공동기금도 꾸준히 모은다. 나아가 궁극적으로는 '부자도 가난한 사람도 없는 평등한 마을'을 지향한다.

'오손도손한 문당리'를 위한 계획으로는 교육관을 중심으로 마을 주민들의 평생 교육을 실천하며, 농업박물관과 대장간 등을 만들어 전통의 맥을 잇는다. '나눔의 집'이라 이름 붙인 그대로 이 교육관과 숙소는 마을 주민들의 각종 모임과 잔치, 집안 대소사를 위한 장소로 쓰이며, 노인들을 위한 찜질방과 의료 시설, 생산자들을 위한 환경농업 자료와 인터넷 시설, 주부들을 위한 공동식당 등으로도 활용된다. 한편, 주민들을 위한 각종 문화행사도 생활화될 것이다.

'자연이 건강한 문당리' 또한 빠뜨릴 수 없는 꿈이다. 마을의 숲과 하천을 살리며, 토양 미생물로 자연 정화 시설을 만들어 지역 생태계를 살린다. 아울러 '자연과 조화되는 문당리'의 모습은 난방이며 전기 사용에 자연 에너지를 이용하고, 자연 소재를 쓴 집들로 마을을 채운다. 또한 자연 정화되는 연못을 만드는가 하면, 빗물을 이용해 자원으로 쓰기도 한다. 생태적인 화장실 만들기, 쓰레기 분리 수거와 재활용은 기본적인 사항이고, 마을 풍광을 아름답게 꾸미는 일에도 소홀히 하지 않는다.

이 모든 일이 제대로 이루어지려면 주형로 선생이 지금까지 해온 몸과 마음의 노력이 과거보다 몇 곱절은 되어야 할 것이다. 계획 하나하나마다 영농조합법인의 이사들을 모아 회의를 하고 설명을 하고 설득을 하며, 다시 마을 사람 모두의 찬성을 얻어내야 하는 기나긴 길이 될 것이다. 그러나 그는 미리 걱정하지 않는 사람이다. 백 년이 걸릴 계획에서 교육관 건립이란 첫 발을 뗀 것에 불과하다.

그의 말대로 "지금의 1세대는 기반을 구축하고 대부분 세상을 뜨겠지만, 우리의 꿈이 옳고 끈기 있게 해나가면 된다는 확신을 얻어 계획성 있게 추진할 수 있는 첫 단추"를 뗀 것이다. 그러니 조급증을 낼 일도 아니며 불안해할 필요도 없다. "농민은 물론 지방자치단체, 정부, 학자,

도시 소비자들이 모두 힘을 합하여 서두르지는 말고, 그러나 흔들리지 않고 일해나가야 할 때"이다. 다음 차례도 정해졌다. 교육관 터 안에 농업박물관을 세울 계획인데, 남은 흙벽돌과 생목이 충분하므로 큰 어려움은 없으리라 본다.

마을 주민들 또한 이 백 년을 내다보는 계획이 결코 허황되다고 생각하지 않는다. "눈앞의 일도 예측 못하는" 시절에 백 년을 내다본다는 것이 실감이 안 가기도 하지만, 이제껏 이루어져온 일을 생각하면 결코 불가능한 일이 아니니, "파괴된 환경과 공동체성을 되살리는 터전을 후손들에게 물려줄 것"이라는 의지를 더욱 굳게 다진다.

"큰농부 귀중, 작은농부 귀하"

여린 생김새나 본인 말로는 "눈물이 많고 수줍음을 잘 탄다"는 성격과는 딴판으로, 마을 지도자로서 주형로 선생의 의지와 추진력은 감탄을 자아낸다. 그는 좀더 많은 마을 사람들을 이 운동에 참여시키기 위한 노력을 그치지 않는다. 모름지기 운동이란 "아닌 사람을 끌고 가는 것"이라는 믿음에 흔들림이 없으니, 일의 진행이나 계획의 완성이 "좀 늦어지더라도 현재 필요하다면 마을 사람들의 화합을 우선시하겠다"는 마음이 굳세다.

마을 일에 무심하던 교회 목사님을 설득하여 마침내 마을 공동 일에까지 참여토록 한 것이 그 예이다. 그 일로 목사님은 마을 사람들에게 더욱 큰 존경을 받게 되었음은 물론, 직접 채소밭 가꾸고 오리 농사 지으면서 교회 살림은 해마다 계속되던 적자를 벗어나기도 했으니, 이만한 축복이 어디 있을까.

아울러 선생은 지도자가 지녀야 할 필수적인 덕목, 겸손을 아는 사람이다. 현재 만여 평의 논농사를 짓는데, 올해부터는 좀더 제대로 된 지도자의 길을 가기 위해 땅을 줄일 생각이다. 게다가 부친 때부터 몸담고 있던 집이 많이 낡았건만, 마을 사람들 "절반 이상이 집을 새로 짓기 전에는 내 집은 짓지 않겠다"란 생각도 확고하다. 지도자란 무엇이든 "마을의 평균치보다 조금 낮게 갖는 게 좋다"는 생각에서다.

주형로 선생의 의지와 추진력, 겸손 등은 그의 힘이라 하겠다. 선생의 힘은 사람에 대한 신뢰와 사랑, 사람과 사람 사이의 평등함에 대한 확신에서 절로 우러나오는 것 같다. 이른바 운동가나 지도자들치고 그 이론과 실천이 하나 되는 사람이 많지 않은 현실에서, '토박이 농촌 사람'으로서 그의 자부심은 귀하고 아름다운 모습이라 하겠다. 풀무학교가 '똥통'이라는 친구들의 놀림을 받고 괴로워하는 아들에게 "하느님 믿고 바른 농사 짓는 학교가 똥통학교다"라고 일러주며, "일등은 희망이 전혀 없다"는 말을 자식들에게 서슴없이 해준다거나, 자식 생일 선물로 모종삽이며 전지가위, 삽 따위를 준비하고 그 포장지에는 "큰농부 귀중, 작은농부 귀하"라 쓰는 등의 정성은 선생의 힘이 그만큼 순수하고 따라서 더욱 큰 힘을 지니고 있음을 알려주는 예들이다.

올 정월 대보름 전날, 문당마을 영농조합법인에서는 홍성 YMCA 회원 어린이들과 마을 어린이 80여 명을 모아 교육관 터에서 대보름맞이 행사를 가졌다. 함께 쥐불놀이도 하고 굵게 꼰 새끼줄로 줄넘기도 했으며, 풍물도 치고 저녁에는 어른들도 함께 모여 오곡밥을 먹고 밤에는 부럼도 깼으니 흥겹고 행복한 날이었다. '살고 싶은 문당리, 살기 좋은 문당리, 대를 잇는 문당리'의 모습이 이러하지 않겠는가. 이제 첫 발을 힘차게 내디뎠으니, 그 발길이 문당마을을 지나 황폐한 우리 농촌 구석 구석에까지 가 닿기를 바라마지 않는다.

낮은 자세로 일구는 농사 공동체

―강원도 화천의 임락경 선생

조상들에게서 배운 전통 농업이야말로 참된 유기농업

유기농업이라는 말은 관행농업이라는 말과 비교해볼 때 매우 특수한 농업을 뜻한다. 현재 우리나라에서 유기농업을 실천하는 농가가 겨우 1퍼센트에도 못 미치는 현실을 보면 유기농업은 매우 유별나고 특별한 농업이라 해야 한다.

그러나 이는 현재라는 매우 제한된 시간적인 의미에서만 그러하다는 것을 알아야겠다. 지금 관행농업이라고 불리는, 농약과 화학비료에 의존하는 농법을 1만 년 농업 역사에 비추어보면 이것이야말로 매우 특수하고 이상한 농업이라고 해야 한다. 잘해야 50년밖에 되지 않는 농약·비료 농업이야말로 1만 년 중 0.5퍼센트에 불과하기 때문이다.

강원도 화천에서 장애자들과 공동체 생활을 하며 농사를 짓고 있는 임락경 선생(57세)은 조상 대대로 물려받은 우리의 전통농업만이 진정한 생태친화적 농업이라고 생각하는 사람이다.

 "나보고 유기농업을 한 지 얼마나 되느냐고 묻고들 하는데, 그럴 때면 5천 년은 넘었을 거라고 대답합니다. 나는 농사를 형님과 아버님에게 배웠는데, 그분들은 지금처럼 무슨 특별한 농법인 양 하는 유기농업을 전혀 몰랐던 사람들입니다. 내가 그분들에게서 배운 것은 오랜 세월 동안 조상들로부터 물려받은 그저 단순하기만 한 농업에 불과할 뿐이지요. 그래서 나는 무슨 유기농법이니 자연농법이니 하는 말들을 별로 좋아하지 않습니다. 나도 정농회 이사 일을 맡고 있지만 정농(正農)이라는 말도 정확하다고 보지 않습니다. 그냥 농사면 농사지 앞에다 수식어를 붙일 필요가 무에 있겠습니까? 하도 농약에 의존한 관행농법이 판치고 있다 보니 그런 말이 나온 것이기는 한데……."

 그래서 임 선생은 생태농업을 한다고 해서 무슨 효소니, 목초액이니 하는 외적인 투입물은 거의 쓰지 않는다. 단지 동물들 축분이나 인분 정도 주는 게 전부이다. 그것도 일부러 생산하거나 바깥에서 사오는 게 아니라 생활을 하며 절로 나오는 부산물일 따름이다. 일부 동물들 먹거리용으로 마을에서 잔반(짬밥)을 얻어오는 정도이다.

 "나는 축분도 발효시키지 않은 채 생똥을 그대로 밭에다 뿌립니다. 원래 발효되지 않은 것은 독소가 있어 작물에 피해를 주는데, 그것을 우리 땅에다 뿌려주면 이내 하얗게 곰팡이가 일어납니다. 이 얘기를 정농회 이사회 가서 말했더니 절대 다른 사람들에게는 권하지 말라고 합디다. 우리 땅은 제대로 살아 있어 유익한 미생물이 많아 생것을 퍼부

스스로 '촌놈'이라는 호칭을 붙이며 사는 선생은 실제로 언제나 촌놈처럼 사는 사람이다. 말씀도 투박하고, 옷차림도 늘 흙 묻은 차림새에다 생김새도 영락없는 시골 아저씨다. 취재 중에도 퉁명스런 말투가 도시인을 체질적으로 좋아하지 않는 여느 시골사람의 말투와 별 다를 바 없어 보인다. 하지만 어디 사람을 겉모습만 갖고 평가할 수 있겠는가? 겉과 속이 다른 것(?) 또한 선생이 갖고 있는 깊은 매력 중의 하나일 듯하다.

어도 금방 발효가 되지만, 죽은 땅에다 그대로 부으면 독소가 될 뿐이라는 것이죠."

농사야말로 살아 있는 생산 노동

임락경 선생의 공식 학력은 초등학교 졸업이 전부이다. 임 선생은 초등학교를 졸업하자마자 곧바로 농사를 짓기 시작했는데, 이미 열 살 때 농사를 천직으로 삼기로 결심했다고 한다. 어린 나이지만 나름대로 알고 있는 모든 직업을 나열하면서 하나하나 검토를 해보았더니, 다른 직업들은 없어도 살 수 있는 것들이지만 농사만은 없어서는 안 되는 진정한 생산적인 노동이라는 결론을 내렸다는 것이다.

"남들은 보통 어릴 때 꿈을 아주 높게 잡지만 나이 들면서 그 꿈은 점차 낮아지게 마련입니다. 예를 들면 대통령에서 장군, 박사, 사장, 직장인, 애아빠 식으로 말이죠. 그러나 나는 그것과 정반대의 경우가 되었습니다. 많은 사람들이 무지렁이로 취급하는 농부를 꿈으로 잡았다가 지금 이렇게 그런 농부를 취재하겠다고 사람들이 찾아오니 꽤 높아진 것이지요."

그리고 선생은 열네 살 때 기독교 수도단체인 동광원으로 들어갔다. 그곳에서 그는 본격적으로 농사를 지으면서 공부도 배울 수 있었다. 당시 동광원을 이끌던 이현필 선생을 비롯해 대부분의 스승님들은 당신 자녀들도 학교에 보내지 않았을 뿐만 아니라 교육을 정부가 주도하는 제도권에 맡겨버리면 반드시 문제를 일으키게 되어 있다고 걱정하였다고 한다. 임 선생이 중학교에 들어가지 않은 것도 그분들의 영향이 적지 않았다. 그러나 선생은 제도권 밖에서 모든 과정을 거쳐 목사 자격을 얻고 목회자의 길을 걷게 되었다.

"원래 농사란 팔아먹기 위해 짓는 게 아니었습니다. 자급을 목적으로 짓는 것이었지요. 그러다 남으면 이웃들과 나눠먹고 혹시라도 고마워 돈을 주면 받는 게 고작이죠. 그래서 농사를 통해 주식을 해결하고 부식까지 해결하면 다 되는 겁니다. 돈이 필요 없지요. 나머지 돈 들어갈 일은 교육과 병원에 가는 일일 텐데, 저 같은 경우는 여태까지 평생 치과병원 두 번 간 일밖에 없고, 학교도 한 번 안 갔으니 목돈 들어갈 일이 없었지요. 그런데도 이렇게 행복하게 살고 있으니 나름대로 저는 성공한(?) 농부인 셈입니다.

의사도 마찬가지입니다. 한창 인기 있었던 드라마 '허준'을 생각해 보십시오. 허준은 돈 받기 위해 진료를 하는 게 아니었습니다. 고작해야 닭이나 계란이나 쌀, 보리 등을 갖다주면 받는 것이지요. 목사도 돈 벌기 위해 설교하면 가짜입니다. 돈을 주면 받겠지만 안 줘도 설교를 해야 되는 것입니다."

'시골교회'라는 이름으로 임 선생이 이끌고 있는 장애인 공동체에서도 선생은 설교를 하지 않는다. 공동체 가족들이 매주 번갈아가며 설교를 한다. 물론 헌금함도 따로 없다. 앞으로 소개하겠지만 수맥 전문가로도 알려진 선생은 수맥을 찾아주는 데에도 돈을 받지 않는다. 차비라도 주면 고맙고, 또 농사 지은 것을 선물로 주면 더욱 고마울 뿐이다.

열린 공동체

임락경 선생은 20여 명이 넘는 장애인들과 함께 생활하고 있다. 1980년 3월 시골교회를 창립한 이후 20년 넘게 지금의 공동체 생활을 하고 있다. 임 선생은 오갈 데 없는 장애인들과 공동체 생활을 하고 있지만 자신이 무슨 특별한 공동체 운동을 한다고 생각하지는 않는다. 그저 의지할 곳 없는 사람들을 하나둘씩 거두다 보니까 지금의 가정을 이루게 되었다.

"나는 내가 공동체 운동을 한다고 생각하고 싶지는 않습니다. 내가 생각하는 공동체란 남의 자식까지 내 자식처럼 구별 없이 사는 것인데, 우선 내 자신부터가 그렇게 못하니 공동체라고 생각할 수 있겠습니까? 그냥 그렇게 사는 것이지요."

선생이 어려운 이웃들과 함께 살게 된 계기는 동광원 생활에서 시작되었다. 동광원은 기독교 수도단체이면서 더불어 고아나 장애인들과

불치의 환자들 그리고 사고무친의 노인들을 돌보는 일을 해왔다. 한국 전쟁 후에는 고아들을 돌보았고, 1960년대에는 주로 결핵환자들, 그리고 70년대에는 실직자들과 해고근로자들을 보살펴주었다. 특히 임 선생은 1970년대 말 경기도에 소재하고 있던 동광원에 있을 때 농민운동에 뛰어들면서 노동운동 인사들과 친분을 갖게 되어, 노동운동을 하다 쫓겨난 여성 해고근로자들과도 함께 생활한 적이 있었다.

지금 살고 계신 화천은 군복무 하던 지역으로, 그것이 인연이 되어 1980년 3월 이곳에 '시골교회'를 열게 되었다. 동광원 시절부터 항상 어려운 사람들과 함께 살던 것이 익숙해져 시골교회를 열 때에도 누구나 들어와 살 수 있도록 문을 열어놓았다. 그래서 장애자, 뇌성마비 환자, 정박아, 심한 신경통 환자 등 혼자 힘으로는 살기 어려운 사람들이 하나둘씩 모여들어 지금의 가족이 되었다.

이렇게 임 선생은 뭔가 거창한 공동체 마을을 계획해서 그 일환으로 공동체 생활을 한 것이 아니라 누구든지 오갈 데 없고 혼자 살기 힘든 사람들에게 항상 문을 열어놓아 자연스럽게 한 가족이 되어 살고 있는 것이다. 그러다 나가고 싶은 사람은 언제든지 나가고, 또 독립할 능력이 되면 마음대로 나갈 수 있다. 말하자면 기차역과 같이 항상 열려 있는 공동체인 셈이다.

우리 콩 살리는 '된장' 사업

임 선생은 판매를 목적으로 농사를 지어서는 안 된다고 말하지만, 모순되게도 자신은 판매를 목적으로 콩 농사를 짓고 있다. 그러나 거기에

는 선생의 깊은 뜻이 숨어 있다.

"한번은 우리 콩을 사려고 했는데 도저히 살 수가 없었던 적이 있었어요. 전북 정읍까지 가서야 겨우 두 가마를 살 수 있었는데 이 경험으로 이러다가는 큰일 나겠다는 생각을 했습니다. 우리의 목화와 밀이 사라진 것처럼 콩도 곧 멸종 위기에 처해 있음을 직감하게 된 것입니다. 그래서 콩을 살려보자는 취지로 콩 농사를 짓게 되었지요. 처음엔 콩으로 메주를 만들어 팔려고 했는데 지금은 주로 된장을 팔고 있습니다. 메주를 팔았더니 소비자들이 아파트에서는 간장이 제대로 뜨지 않는다는 겁니다. 공기가 나빠서지요. 그런데 된장을 만들어 팔아보니까 부가가치도 높고 또 보관성도 좋아 꽤 의미가 있다는 것을 알았습니다. 된장은 당장 안 팔려도 오래가면 더 좋지 않습니까."

임 선생은 콩 농사를 제일 많이 짓기도 하지만, 콩을 살리는 데 파급효과를 더 높이려면 마을을 기본 단위로 이루어야겠다는 생각으로 마

을 농민들과 계약 재배를 맺고 있다. 우리 콩을 살려야겠다는 생각 때문에 애초부터 판매 이익에 별 관심은 없었지만, 그래도 작년 유전자 콩 파동으로 수요가 급증하여 겨우 현상 유지가 가능해졌다고 한다.

시골교회에서 팔고 있는 '시골집 된장'에는 정부가 인정하는 '품질 인증 마크'가 없다. 애초부터 그런 인정을 받을 생각조차 하지 않았다. 소비자들이 인정해주고 생산자 자신이 스스로 확신을 가지고 있으면 되는 것이지 구태여 그런 제도적인 장치를 중요시하지 않은 것이다. 그래서 임 선생은 소비자들과 생산자들 간의 믿음과 긴밀한 유대관계가 중요하다고 말한다. 그를 위해서는 먼저 구하기 편하고 보기 좋고 값싼 것만 찾으려는 소비자들의 태도가 바뀌어야 한다. 더불어 하나의 곡식을 생산하기 위해 농민들이 얼마나 많은 땀을 흘리는지 알아야 하고, 또 자신이 먹을 곡식이 어떻게 생산되는지 관심을 가져야 하며, 나아가 틈 나는 대로 생산 현장을 방문하여 품앗이도 해줄 수 있어야 한다.

더구나 소비자와 생산자가 이렇게 긴밀하게 유대관계를 이어간다면 농산물이 먼 거리까지 유통될 필요가 없다. 가까운 지역을 중심으로 이루어지기 때문이다. 그래서 시장의 논리, 유통의 논리로 만들어진 품질 인증 마크는 더욱 필요할 일이 없는 것이다.

마지막으로 된장 판매 사업도 그 동안 적자만 보았다는데, 그렇다면 이 대가족을 이끌어가는 데 살림은 어떻게 꾸려가는지 궁금했다. 아무리 지급농사를 짓는다지만 20여 명의 대식구가 먹고 살아가려면 현찰이 적지 않게 들 것이기 때문이다.

"한번은 마을 어른 한 분이 아주 궁금한 눈빛으로 물어봅디다. 어떻게 먹고 사느냐고요. 교회라고 헌금도 받지 않지요, 지역 농민들 콩 사다가 된장 만들어 팔아도 수입이 없지요, 수맥을 찾아주어도 돈 받지 않지요, 그런 사정을 알고 있으니 꽤 궁금했던 모양입니다. 그래서 길게 설명하기 뭐하길래 그냥 도둑질하며 삽니다 했지요. 그랬더니 들키지 않은 것 보면 상당한 기술이 있는 모양이라며 그 기술 좀 가르쳐달라고 하기에 한바탕 웃음을 터뜨렸지요. 사실 제가 옛날부터 양봉을 했어요. 지금도 그것으로 우리 살림에 필요한 적지 않은 것들을 보충합니다. 그런데 따지고 보면 그것도 벌들의 꿀을 도둑질하는 것이니 도둑놈이기는 매한가지입니다."

마음을 비워야 찾아지는 수맥

"옛날에는 선비나 길선비〔道士〕들이 마을의 크고 작은 일들을 도와주었습니다. 이름 짓는 일, 사주 봐주는 일부터 병도 고쳐주고 초상 나면 산소 자리도 봐주고 그랬지요. 그렇지만 그 사람들은 절대 돈을 요구하지 않았습니다. 주면 받고 아니면 그만인 것이지요. 우리네 선비 전통이 이랬습니다. 학문과 기술을 출세나 돈 벌기 위한 목적으로 한 것이 아니지요.

제가 수맥을 배울 때에도 마찬가지였습니다. 저에게 수맥 찾는 법을 가르쳐준 사람은 잘 아는 선배였습니다. 몇 번 쫓아다니며 배우게 해달라고 했으나 가르쳐주질 않습디다. 그래서 어깨너머 배운 것으로 나 혼자 나뭇가지 들고 수맥 찾은 곳을 금그은 다음 와서 맞는지 확인해달라고 했지요. 내가 기(氣) 감이 있었는지 그 선배가 찾은 곳과 내가 찾은 곳이 딱 일치한 겁니다. 그러고는 배워도 되겠다고 한 겁니다."

그 선배는 임 선생에게 세 가지 조건을 제시했다고 한다. 하나는 돈 받지 말라, 둘은 남의 물 빼먹지 말라, 셋은 물을 필요로 하는 사람이 부르면 언제든지 달려가라는 것이었다. 돈 받지 말라는 것이야 애초부터 돈에 관심이 없었으니 별 어려운 일은 아니었다. 남의 물 빼앗지 말라는 것도 전혀 문제될 것이 없었다.

한번은 포천에서 온천물을 찾아주었더니 주인이 꼭 사례를 하겠다고 큰 소리를 치기만 하고는 전혀 연락도 오지 않은 적이 있었다. 물을 찾아주러 다니다 보면 주로 사례를 하는 사람들은 돈 많은 사람보다 가난한 사람들이 대부분이다. 만약에 임 선생이 돈 바라고 한 일이라면 그 온천물의 발원지를 찾아 얼마든지 막아버릴 수가 있다고 한다. 그러나 남의 물 빼앗지 않는다는 약속을 했기 때문에 아무리 괘씸한 사람일지라도 그렇게 할 수는 없는 일이다.

제일 힘든 일은 부르면 언제든지 찾아가라는 조건이었다. 자기 일도 바쁜데, 그리고 농사일이란 게 때를 놓치면 망치는 일인데 남이 부른다고 해서 만사 제쳐두고 찾아간다는 게 말처럼 쉬운 일이 아니었다.

"보통 수맥 찾는 기술이 천주교에 의해 전해진 것으로 알고들 있지만 천만에 말씀입니다. 나도 어렸을 적에, 밤에 대야에다 물을 담아 들고 다니면 별이 많이 비추는 곳이 물자리라고 어른들에게 듣곤 했습니다. 언젠가 전라도 장성에 갔다가 수맥이 많이 걸쳐져 있는 한 마을에 들렀는데, 기묘하게도 두 집을 제외하고는 모두가 수맥을 요리조리 피해서 집을 지어놓은 겁니다. 어떤 집은 수맥이 벽으로 지나기도 하고 구석방으로 지나기도 할 정도로 기가 막히게 지은 겁니다. 이렇게 우리 선조들은 예로부터 수맥을 보아왔을 뿐만 아니라 그 지혜가 놀라울 정도였습니다."

자신을 낮추는 곳에 평화가 있다

임 선생은 스스로 목사라는 호칭으로 불리기를 별로 좋아하지 않는다. 이번 글에도 목사라는 호칭은 되도록 쓰지 말아달라고 부탁하였다.

"그럼 뭐라고 할까요?" 했더니,

"그냥 촌놈이라고 해" 한다.

감히 나이 어린 필자가 어르신을 촌놈이라고 할 수가 없어,

"그럼 촌놈님이라고 할까요" 했더니,

"마음대로 해" 한다.

임 선생은 '촌놈'이라는 별칭을 자신의 호처럼 여긴다. 선생이 쓴 책 제목도 '돌팔이(突破理) 잔소리'라고 되어 있고, 저자 난에도 '촌놈 임

락경'이라고 되어 있다. 그렇게 선생은 스스로 낮추는 삶을 살려고 노력하는 분이다.

사람이면 누구나 다 자신을 높이고자 한다. 모두 다 자신이 잘난 줄 알고 자신이 제일이고자 한다. 그리고 자기라는 소아(小我)에 빠져 에고이즘에서 헤어나지 못한다. 현대 산업사회에서 벌어지고 있는 여러 가지 심각한 문제들, 곧 자연 생태계의 파괴, 인간성 상실, 갈등의 일상화 등의 현상도 그 근본을 따져보면 자신을 낮추지 않고 그저 남보다 나으려고 하는 이기주의에 맞닿게 된다.

"그래도 우리나라가 파국으로 치닫지 않는 이유는 종교 전쟁이 없다는 것에 있을 겁니다. 종교 전쟁에 휩싸인 다른 나라들을 보십시오. 우리의 지역갈등은 비교도 안 됩니다. 그런데 우리나라를 보십시오. 종교 백화점이에요. 이런 나라에서 종교 전쟁이 일어나면 그냥 쑥대밭이 되는 겁니다. 그래서 그나마 천만다행이지만 그렇다고 문제가 없겠습니까? 그저 자기가 속한 종교, 조직, 학교, 지역이 최고라고 여기는 것은 마찬가지입니다. 다 자기가 잘났다는 것인데 자기만 잘나면 그것도 괜찮겠지만 남을 업신여기고 그 위에 올라서려고 하지요. 평화는 자기를 낮추는 것에서 시작합니다. 그리고 남을 이해하는 것이지요. 저는 기독교인이지만 절에 가면 부처님께 합장으로 인사를 드립니다. 부처님을 보십시오. 나는 일주일만 고기를 먹지 않아도 생각나는데 그분은 평생 먹지 않고 살았죠. 나는 하루만 굶어도 견디기 힘든데 그분은 6년간 금식 수련을 했을 정도이니 어찌 존경스럽지 않겠습니까?

그런데 인도라는 나라는 아주 더운 나라여서 고기를 자주 먹으면 탈이 납니다. 또 덥다 보니 여러 사람이 모여 살면 병이 납니다. 혼자 사는 게 서로가 사는 길입니다. 가족을 버리고 혼자 자기 완성을 추구한 것은 그런 사회에서 나름대로 필요했던 삶의 한 방식이자 수련이었던 것이지요. 그래서 인도라는 나라에서 불교는 자기 완성을 추구했지만, 또 환경이 달랐던 중국에서는 가족 완성을 추구했고, 소크라테스는 국가 완성을 추구했던 것입니다. 구약성경에 나오는 카인과 아벨 중에서 하느님은 고기를 바쳤던 아벨을 더 사랑했습니다. 그것은 유대인이 유목민이었기 때문입니다. 다 말은 달라도 그 환경에 적합하게 적응하여 만들어진 삶의 철학이었던 겁니다. 결국은 하나인 것이지요.

기독교의 참된 정신은 그 동안 유대인들이 독점했던 하느님을 예수가 나타나 인류의 하느님으로 바꾸었다는 데 있습니다. 이런 정신을 받든다면 개신교, 천주교, 불교, 유교 등을 구별하고 자기가 잘났다고 주장해선 안 됩니다. 무엇을 위해 신앙생활을 하느냐가 중요하지 누구를 믿느냐가 중요한 것이 아닙니다.

그런데 기독교가 한국에 들어와서는 가족을 위한 하느님으로 둔갑해 버렸습니다. 자기와 가족을 위해 하느님을 믿는 것이죠. 새벽기도회 때 가보십시오. 다들 기도 내용이 우리 애들 좋은 대학 들어가게 해달라는 것입니다. 미국에 가보니까 거기는 또 나라를 위한 하느님입디다. 가난한 제3세계가 조금이라도 자기들 이익에 방해가 되면 무슨 슈퍼 301조니 하며 협박하는 데 골몰합니다. 국가 이기주의죠. 개인, 가족, 학연, 지역 이기주의보다 국가 이기주의가 조금 나은 것 같지만 따지고 보면 이도 하나입니다. 이제 이런 이기주의의 벽을 넘어 인류를 우선할 사람이 필요한 때입니다. 그렇지 않으면 우리의 미래가 어떻게 될지 장담할 수 없을 겁니다."

선생과 가족이 함께 지은 원두막형 사랑방. 바닥은 구들로 되어 있다.

자기를 낮추는 일은 어떻게 보면 그만큼 자신이 있다는 뜻일 게다. 그러나 절대 자신을 드러내는 일이 없으니 그만큼 큰 자신감도 없다. 그럼 어떤 자신감이 가장 큰 것일까?

　그것은 아마 자신의 삶을 누구에게 의지하지 않고 스스로 자급자족할 수 있을 때 나올 수 있을 것이다. 스스로 자급하여 떳떳하고, 스스로 자족하여 행복하기 그지없고, 남는 것은 남을 위해 스스럼없이 내놓을 수 있으니 그만한 자신감도 없다. 남 위에 군림할 때 나오는 자신감과는 질적으로 다르다. 따라서 진정한 평화의 길은 자급자족에 있다고 할 수 있다.

　임 선생이 자급자족의 농사를 지으며 자신을 낮추고 인류를 우선시할 사람이 나와야 한다고 하는 것도 다 그런 깊은 뜻에 근거하고 있는 것이다.

더불어 사는 평민이 미래를 연다

—충남 홍성 풀무학교 홍순명 선생

충남 홍성군 홍동면을 가로지르는 국도에서 조금 한적한 길로 들어서 야트막한 산자락을 돌아가면 아름드리 나무들 사이로 두 동의 건물이 보인다. 이곳이 '더불어 사는 평민'을 기르는 풀무농업고등기술학교다. 교문을 지나자 가장 먼저 눈에 띄는 것이 '위대한 평민'이라는 글자가 새겨진 큰 바위이다. 풀무의 교육 이념이리라. 교문을 지나 학생관까지 가는 동안 만난 학생들은 예외 없이 낯선 외지인에게 모두 밝은 목소리로 "안녕하세요"라고 인사를 했다.

홍순명 선생과의 첫 인연은 5년 전쯤이었다. 《한겨레21》에 있을 때 풀무학교를 취재하려고 전화통화를 했었다. 하지만 선생은 교사들과 논의를 한 결과 언론에 보도되는 게 적절치 않다는 결론이 나왔다고 정중히 취재를 거절했다. (사)전국귀농운동본부가 주선한 이번 만남도 그리 쉽지는 않았다. 선생은 전화통화에서 자신의 개인사에 대한 취재는 절대로 안 된다고 몇 차례 다짐을 했다. 풀무학교, 나아가 풀무공동체는 여기에 관련된 모든 이들이 함께 일군 것이지 당신을 포함해 어느 개인에게 돌아갈 공은 없다는 이야기였다.

오산학교의 정신을 구현한 풀무학교

학생관 쪽으로 걸어가자 건물 입구에 홍순명 선생(65세)이 가는 빗줄기를 맞으며 나와 기다리고 있었다. "멀리서 오느라고 애썼네요"라며 필자를 맞는 홍 선생의 두 손이 너무 따뜻했다. 선생은 '객지'에 온 이의 끼니부터 챙겼다. 학생관 복도를 가다 한 남학생이 인사를 하자 선생이 말했다.

"이눔아! 너 언제 내 방으로 찾아와라. 전에 너가 얘기하던 책을 구해 놨으니 가져가."

자상한 할아버지가 손자를 대하는 모습이었다. 식당에서 만난 다른 여학생에게는,

"며칠 전 밤의 그 오토바이 소리, 너가 낸 거냐?"라고 물었다.

선생은 같은 탁자에 앉은 학생을 일일이 가리키며 어디서 온 누구이고, 관심은 무엇이고, 어떤 분야에 재능이 뛰어나고 하는 설명을 해주었다. 어느 생활기록부가 이처럼 자세할 수 있을까. 선생의 머릿속에는 언제나 학생들의 모든 것이 들어 있는 듯했고, 따뜻한 눈길은 언제나 학생을 향하고 있음을 느낄 수 있었다.

선생은 식당에서 이날 설거지 당번을 맡은 아이들의 등을 토닥거려 준 뒤 학생관 2층에 있는 교장실로 안내했다. 서너 평 남짓 작은 방에는 책들이 빼곡이 들어찬 책장이 눈에 띄었고, 선생의 책상 위에는 영어와 일어로 된 전문서적 네댓 권이 쌓여 있는 게 보였다.

교장실 방문에 '친구들아! 안녕' 이라는 중국어가 쓰여 있어 물었더니 "이곳이 교장실이자 중국어 교실"이라며 웃는다.

"학생이 학교의 중심이고 교사는 도와주는 역할을 합니다. 학생 없는 교사가 있을 수 없지 않아요? 우리 학교는 학생들이 건물의 중요한 부분을 모두 사용하고 교사는 구석에 숨어 있어요."

일반 고등학교에서 제2외국어를 가르치지 않아 국내에 교재가 없을 때부터 풀무학교는 중국어와 일본어를 가르쳐왔다.

"교육은 20년 미래를 내다볼 수 있어야죠. 동북아 전체를 염두에 둔 교육을 해야겠다고 생각했어요."

그런 배려로 이 학교 1학년 학생들은 중국으로 수학여행을 간다. 풀무학교 수학여행은 다른 학교처럼 관광과 놀이로 이루어지지 않는다. 학생들은 자신들이 가고자 하는 지역에 대해 사전에 충분히 학습을 한 뒤 떠난다. 말 그대로 현장 체험학습인 셈이다.

선생은 군을 제대한 직후 스물세 살 때인 1960년, 풀무학교의 개교와 함께 인연을 맺어 40년을 이곳에서 보냈다. 하지만 풀무를 있게 한 기독교 정신과의 만남은 이보다 훨씬 전인 1950년대로 거슬러 올라간다. 원주에서 중학교에 다니던 선생은 정태시, 김교신 선생이 하고 있던 성서 읽기 모임에 참석하던 형을 통해 『성서조선』을 읽으며 새로운 기독교

관을 갖게 된다. 이 모임은 함석헌 선생의 무교회주의와 맥이 닿아 있었다. 홍순명 선생은 "어떤 영향이 수십 년간 지속되는 것을 만남이라고 한다면 아마 내 인생의 만남은 그때였을 것"이라고 회고했다.

열일곱 살 때 횡성초등학교에서 교사 생활을 시작해 춘천농고에 근무하다 군에 입대한 선생은 병영 생활을 하면서 틈틈이 사상계 논쟁, 조선 역사, 교육 관련 서적 등을 읽었고 이때 새로운 기독교관, 교육관 그리고 생명관을 갖게 된다.

"모든 종교는 하느님, 이웃, 자연과 더불어 사는 것을 지향해야 하며 진리에 대해 겸손하고 모든 인간을 존중하며 생명을 사랑해야 한다는 것을 깨닫게 된 거죠."

선생은 그 뒤 이찬갑, 주옥로 선생이 풀무학교를 만든다는 얘기를 듣고 곧바로 홍성으로 달려와 풀무교사로서 새로운 삶을 시작했다. 선생은 자신이 풀무학교에 오게 된 이유를 설립자인 이찬갑 선생에 대한 설명으로 대신했다.

"이 선생님은 오산정신의 화신 같은 분이셨습니다. 오산학교는 종합교육이라는 개념을 처음 도입한 학교로, 선생은 학교를 통해 민족을 깨우치고 지역과 사회 변화를 이끌어내야 한다고 생각하셨죠. 그래서 오산학교는 병원, 목욕탕 같은 지역민들을 위한 시설을 함께 운영했다고 합니다. 학생들은 지역 주민들 집에서 하숙을 하면서 동네를 청소하고 문화, 복지 문제를 지역민과 함께 풀려고 노력한 거죠."

이찬갑 선생이 만드는 학교인 만큼 풀무학교는 성서에 바탕한 지역공동체 구축에 큰 역할을 하는 학교가 될 거라고 믿었기 때문일 것으로 짐작했다. 풀무학교의 지난 40년은 그런 정신을 현실 속에 구현하는 과정이었다. 그리고 풀무학교의 역사에는 선생의 가치관과 철학이 고스란히 담겨 있다.

노작교육으로 위대한 평민을 만든다

풀무학교의 교육 목표는 '위대한 평민'을 길러내는 것으로 압축된다. 최근 이 목표는 '더불어 사는 평민'을 기르는 것으로 바뀌었다. 평민은 원래부터 위대하기 때문에 굳이 위대하다고 부를 이유가 없었고, 그보다는 이웃과 자연과 더불어 살 수 있는 평민을 기르는 게 더 필요하다는 생각에서였다. 그렇다면 위대한 평민, 더불어 사는 평민은 어떻게 길러질까. 풀무학교의 교육 방식을 물었다.

"교육의 핵심은 바람직한 인간 형성을 위한 인성교육에 있다고 봅니다. 이를 위해 올바른 인간관이 필요한데, 우리 학교는 사람을 지적 능력으로 차별하지 않고 모든 사람을 신의 형상을 지닌 절대적 존재로 봅니다. 그리고 인성교육의 토대는 성서를 통해서 이루어집니다. 우리 학생들은 신학을 배우는 게 아니라 인류의 경험과 지혜를 배웁니다. 성경을 교재로 학생들에게 가정, 이웃, 환경, 생명, 인권 등 인류의 보편적인 가치를 깨닫도록 합니다. 또 교리를 외우는 게 아니라 그 속에서 사회 생활을 하는 데 지침이 될 지혜를 선택하라고 얘기합니다."

풀무학교 학생들은 모두 기독교인은 아니다. 하지만 이들은 매일 오전 6시 30분에 일어나 하루에 한 장씩 성서를 읽고 그날 사회를 본 사람이 소감을 발표하는 방법으로 졸업 때까지 누구나 성서를 일독한다. 성서 교육과 관련해 선생은 정신적인 지수를 높이는 교육의 필요성을 역설했다.

"2000년대에는 정신적인 지수가 중요시될 것입니다. 인생의 의미와 가치를 추구하고 나름의 해답을 얻는 정신적인 토대가 없으면 지식과 기능은 남용될 것입니다. 그런 점에서 풀무학교는 EQ와 IQ를 종합적으로 교육하려고 노력하고 있습니다."

선생의 책상 위에 『*Spiritual Intelligence, The Ultimate Intelligence*』라는 외국 원서가 놓여 있는 게 보였다.

현대 기독교가 너무 배타적이라고 비판하는 선생은 불교 등 다른 종교에 대해서도 상당한 식견을 갖고 있으며, 종교 분쟁을 없애려면 자기 종교를 냉철히 비판하고 남의 종교를 알고 배워 존중해야 한다는 생각을 가지고 있다. 그래서인지 선생의 글에는 성경 구절뿐만 아니라 아미타경, 법화경, 아함경 등 불교 경전도 자주 인용된다.

새로운 생태농업으로 주목받고 있는 퍼머컬쳐(permaculture)의 창안자 빌 몰리슨(Bill Mollison) 씨가 방문하여 강의하는 자리에서 선생이 통역하고 있다. 이렇듯 선생은 외국인이 방한하면 통역을 전담할 정도로 영어와 일어에 능통하다.

선생은 인간교육과 함께 풀무학교와 다른 학교의 가장 큰 차이점으로 노작(勞作)이 포함된 교과과정을 들었다. 이는 풀무농업고등기술학교라는 이름에 고스란히 담겨 있다. '풀무'는 학교 터가 옛날 대장간이었던 이유도 있지만 녹슨 쇠의 무딘 날이 풀무불 속에서 쓸모 있는 연장이 되듯 학생들을 정직하고 쓸모 있는 사람으로 기른다는, 인간 형성의 교육 정신을 담고 있다. 또 '농업기술'과 '고등학교'는 인문학교와 실업학교의 이원성을 극복하는, 인간교육과 전인교육을 하는 종합학교의 성격을 반영하는 말이다.

실제 풀무학교의 가르침 가운데 '일만 하면 소, 공부만 하면 도깨비'

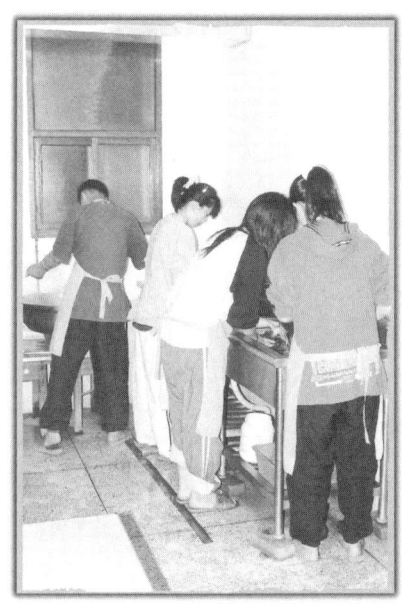
풀부학교 학생들은 자신들이 먹은
밥그릇을 직접 설거지한다.

라는 게 있다. 이처럼 풀무학교 학생들에게는 공부와 일이 분리되어 있
지 않다. 학생들은 흙에서 인터넷까지 살아가는 데 필요한 모든 것을
배운다. 교실 수업 외에 농사와 목공 등 살아가는 데 필요한 노동도 교
과목이다. 풀무의 교과과정은 보통과목 60퍼센트, 실업과목 30퍼센트,
문화, 환경, 특활 등 자유교양 10퍼센트로 짜여져 있다. 정규 과정 외에
학생별로 이루어지는 보충지도도 있다. 취직을 위한 과목만 가르치는
것은 학생의 인격 발달에 나쁜 영향을 미친다고 생각하기 때문이다. 학
생은 진학 준비자나 직업인이기 전에 종합적인 인격체라는 게 선생의
생각이다.

또 학생들은 다양한 자치 활동을 통해 더불어 사는 훈련을 한다. 학생들이 구성해 운영하는 학우회와 학우회 주최로 매년 가을에 여는 축제 풀무제, 매일 저녁 학생들끼리 모여 생활소감이나 독후감을 발표하는 저녁 모임 등 풀무학교 학생들의 일과 가운데 상당 부분은 자율적으로 짜여진다. 수업도 입시 위주의 주입식 지도방식 대신 공동 학습을 장려하고 있다. 교사도 가르치는 사람이라기보다는 학생과 함께 진리를 탐구하는 동반자이자 조력자로서 자리매김되어 있다. 전체 학생이 모이는 강당 앞쪽에 걸린 '진리의 공동 추구'라는 휘장은 이를 상징한다.

그런 교육의 결과는 어떨까 궁금했다.

"우리는 졸업생이란 말 대신 수업생이라고 부릅니다. 배움이 끝이 없는데 어떻게 졸업이 됩니까. 수업생들이 다른 학교 학생과 다른 점이 있다면, 성경을 가르치고 배우므로 성경적 사고방식을 통해 더불어 사는 쪽으로 삶의 가치나 판단 기준을 정하는 학생이 많다는 겁니다. 이들이 처음 사회에 나가거나 상급학교에 가면 적응에 애를 먹습니다. 하지만 조금만 지나면 주입식 교육을 받은 학생보다 월등하다는 게 드러납니다. 또 친구들을 도와주는 습관이 몸에 배어 있어 주위에서 필요로 하는 사람이 됩니다. 입시교육은 단거리 경주와 같습니다. 우리는 올바른 인성을 갖출 수 있도록 장거리 교육을 시킵니다."

실제로 이 학교 졸업생들은 대부분 농민, 교원이 되거나 사회복지, 의료, 예능계 등에 종사한다. 공무원이나 대기업 사원은 거의 없다. 사람과 부대끼면서 봉사하는 직업을 선호한다는 생각이 들었다. 여기에는 풀무에서 가르치는 '직업 십계'도 상당한 영향을 미친 것으로 보인다.

1. 직업 결정 전에 나의 천성과 장점, 능력을 잘 파악하자.

2. 이 직업은 낮은 생활, 높은 정신을 실현하는, 더불어 사는 평민의 목표에 맞는 직업인가 생각해보자.

(중략)

5. 수입이나 명예보다 이웃 사랑의 실천도를 기준으로 하라.

6. 내게 맞는 직업보다 우리 사회가 필요로 하는 직업이 무엇인가 찾아보라.

7. 편한 곳보다 되도록 힘든 곳을 택하라.

위의 사항들이 직업 선택의 기준으로 제시되고 있다.

학교가 나서서 농촌공동체를 재건한다

홍 선생은 풀무학교를 지역 속에 뿌리박도록 노력해왔다. 농촌 지역 공동체의 재건을 통한 국가사회의 재건이라는 오산학교의 전통과 이찬갑, 주옥로 두 분 설립자의 염원이 담겨 있기 때문이다.

풀무학교는 1980년 유아교육을 위해 학교 부지에 주민들과 교사들이 곡괭이로 땅을 파고 집을 지어 '갓골어린이집'을 만들었다. 이듬해에는 교육, 농업, 종교와 관련된 책을 펴내는 '시골문화사'라는 출판사를 세웠고, 풀무학교 전직 교사는 유기농산물로 된장, 고추장, 간장 등을 만드는 '바른식품'을 만들었다.

이 밖에 '지역교육관', '재생비누 협동조합', '지역사회연구회', '풀무신용협동조합', '제빵조합' 등 지역사회에 필요한 많은 기관이 풀무학교의 직간접적인 도움으로 생겨났다. 이들 기관 가운데 상당수는 이

제자들과 함께. 처음 풀무학교에 갔을 때 선생은 작업복 차림으로 운동장 청소를 하고 있었다. 옆의 사람이 교장 선생님이라고 소개를 해서 알았지, 그렇지 않으면 영락없는 청소부 아저씨다. 선생은 평소에도 남 앞에 나서는 것을 무던히도 싫어한다. 늘 뒤에서 옆에서, 남 보이지 않는 곳에서 묵묵히 맡은 일만 해온 선생이다. 거의 평생을 풀무학교말고는 뒤돌아보지 않았던 이력에서도 선생의 인품을 엿볼 수 있다.

제 지역 주민들이 운영하고 있다. 이런 이유로 홍성 사람들은 풀무학교를 무척 신뢰한다.

홍 선생은 올해 지난 20여 년 동안 키워온 꿈을 이룬다는 기대에 설레고 있다. 올해 문을 연 풀뿌리 주민대학 풀무환경농업과 전공부. 국내는 물론 동아시아에서도 처음 만들어지는 환경농업 전문대학이다. 환경농업과 생명존중의 철학을 가진, 지역공동체를 재건하는 활동가를 배출하는 게 이 학교의 목표나. 미생물 연구, 토종種자 수집 보급, 국제기구와의 자료 교환 등도 이 학교가 할 일들이다. 풀무환경농업과 전공부 두명의 젊은 교수들이 올해 입학한 열 명의 학생들에게 가치관, 일반교양, 기술 등을 가르치고 있다.

필자는 인터뷰 도중 몇 차례나 선생의 삶에 대해 질문했으나 그때마다 선생은 손사래를 쳤다. 대신 "교육이 원칙에 서 있지 않으면 이는 청소년에 대한 죄를 저지르는 것"이라며, 떠나는 필자에게 개교 40주년 기념 문집, 『풀무공동체 바탕과 전망』이라는 책을 건네주었다. 이 책 첫 장에 실린 글이 풀무학교의 정신이자 곧 당신의 교육 철학이라는 말과 함께……

"풀무학교는 성서에 근거한 인생관과 학문을 바탕으로 하느님과 자연과 세계와 이웃과 더불어 사는 정직하고 유용한 평민을 기르는 교육에 힘쓴다."

가지지 않아서 자유로운 공동체

―야마기시즘 공동체 윤성렬 선생

'무소유의 삶'이라 하면 대개 사람들은 산사의 스님이나 인도의 요가, 혹은 괴짜 도인의 모습을 떠올리기 십상이다. 그만큼 우리에게 무소유란, 지금 여기 현실과 한참 거리가 먼 이상향의 모습이거나 기껏해야 깨달음을 얻으려는 고행의 한 방편쯤으로 여기는 고정 관념이 깊숙이 박혀 있다. 그도 그럴 것이 적어도 우리가 알고 있는 인류의 역사 이래로 인간의 '삶'은 곧 '소유'가 아니었던가. 그런데 여기 '어느 누구도 아무것도 가지지 않는 자유로운 사회'를 실현하려는 사람이 있다. 뜻밖에도 이 무모(?)하고도 혁명적인 실험을 하는 이는 바로 우리 곁에 있다.

권리와 의무가 없는 공동체

경기도 화성군 향남면 구문천 3리. 정식 명칭이 '야마기시즘 사회경향실현지'인 농장이 있는 마을이다. 구중심처도 아니고 비경을 감춘 곳도 아닌 그저 우리가 서울 밖으로 조금만 나가면 펼쳐지는 낯익은 지세를 갖춘 터전이다.

이곳의 윤성렬 선생(58세)이 반가이 맞아주어 따뜻한 녹차 한 잔을 곁들이며 이야기를 시작했다. 들어오나 일핏 보기에 깔끔하게 단장한 건물 몇 채가 가지런히 서 있는 사이로 잘 가꾼 꽃밭들이 길을 내주고 있는 게, 살림터에 기울인 정성스러움을 대번에 느끼겠다.

자리에 앉자 먼저 취재의 성격을 넌지시 묻고는, "저 윤성렬 개인이 도드라지게 소개되는 건 피하고 싶습니다. 자칫 어느 개인이 이끄는 모습으로 비춰진다면 그것은 야마기시회(山岸會)의 원칙에 어긋나는 것이 되고 말지요. 초창기부터 지금까지 줄곧 회원들과 더불어 살아왔다는 것만은 틀림없는 사실이지만, 운동의 지도자나 주창자라고 생각해 본 적은 한 번도 없을 뿐만 아니라 그런 지위와 역할을 이야기하는 것 자체가 잘못된 관념에서 비롯하는 것이고요"라며 잠시 취재에 응하는 원칙을 밝힌다. 첫인사에서 짐짓 하는 겸손한 인사치레로 여길 수 없는 무게가 느껴진다.

공동체라고 하면 왠지 정제되고 엄격한 분위기를 먼저 떠올리는 선입관 때문이었을까, 약간 긴장하여 자세부터 고쳐 잡았지만 그건 초행자가 으레 하는 낯가림일 뿐.

"자연에는 본디 권리와 의무라는 개념이 없지요. 모든 계급, 직책, 직위 따위가 다 여기에서 생기는 것이라고 봅니다. 우리는 권리와 의무가

야마기시 마을 전경. 비닐하우스 뒤에 보이는 건물이 야마기시회에서 개발한 독특한 양계장이다.
이 양계장은 환풍도 잘 되고 햇빛도 잘 들어 냄새가 전혀 없다. 닭우리마다 수탉과 암탉이 함께
있어 닭들은 참으로 행복해 보인다.

야마기시만의 독특한 양계장은 특허까지
받았다. 야마기시즘 농법의 핵심에는 닭이
있다. 닭의 똥을 벼의 거름으로 쓰고, 벼농
사로 얻은 현미를 닭의 먹이로 쓰며, 닭과
벼의 유축 순환 농법을 실험하고 있다.

없는 사회를 지향하고 또 그렇게 살고 있기 때문에 여기 식구들 한 사람 한 사람이 모두 대표이며, 저도 단지 일을 같이하는 구성원의 한 사람으로 자리매김하는 것이지요."

권리와 의무가 없는 곳이라는 파격적인 말 한마디에 절로 가슴이 탁 열리고 귀가 확 뚫리는 게 이내 자리가 편안하다.

그것이 어떠한 성격의 운동 집단이든 거개가 지도자의 업적과 능력을 찬양하고 그가 조직을 대표하는 얼굴로서 세상의 조명을 받는 게 우리네가 당연하게 여기는 점이다. 하지만 현실의 법 테두리 때문에 영농조합 법인 대표이사라는 직함을 가지고 있어도 이것은 어디까지나 형식일 뿐이어서 이곳 사람들에게는 아무런 의미가 없다고 한다.

조직을 운영하기 위해서는 당연히 조직의 체계와 직위가 있어야 할 것이며 그에 따라 구성원의 권리와 의무를 규율하는 게 아닌가, 그렇게 하지 않는다면 불편하고 비효율적일 게 아닐까 하는 의문을 던졌다.

"그게 있으면 오히려 불편합니다. 사람 사이를 껄끄럽게 만들어 사이좋게 살아가는 데 방해가 되며 서로가 서로를 구속하는 삶이 되고 말죠. 권리와 의무에 대한 관념이 남아 있는 한 덜 자발적이고 덜 자율적이며, 그래서 덜 자유로울 수밖에 없고요. 자연은 본래 자발적이고 자율적인 생명들이 이루는 조화이며 이것이 야마기시즘이 추구하는 핵심적인 가치이자 원칙이랍니다."

야마기시즘 운동의 씨앗을 뿌리다

평양 갑부 할아버지와 유능한 재력가인 아버님을 모신 선생으로서는 이 사회에서 기득권을 누리며 편안한 삶을 누릴 수 있는 선택이 가까이 있었지만, 이를 마다하고 고난의 길로 인생 전환을 하는 대목은 사뭇 극적이다.

고교 시절 선친께서 농원을 경영하신 까닭에 우장춘 박사와 같은 육종학자를 꿈꾸며 유전학을 배울 수 있는 생물학과에 진학하였다. 아마 야마기시즘과 인연이 없었다면 외국 유학을 다녀와 학자로서 일생을 살았을 것이라 한다. 선생이 이 운동에 일생을 다하리라 마음먹은 데는 선친의 영향이 결정적이었다.

본디 평양이 고향인 선친께서는 반공주의의 서슬이 퍼런 3공화국 시절에 이미 한반도의 평화통일에 대한 강렬한 소망을 품으셨다고 한다. 평소에 일본 규슈에서 만주를 연결하는 평화의 가교 역할을 하고 싶다고 늘 말씀하시면서, 어찌 하면 서로 즐겁고 사이좋게 살 수 있는 평화로운 사회를 만들어나갈 것인가 고민하다가 농업을 기반으로 하는 운동이 필요하다는 결론에 이르렀다.

당시 상황에 비추어보면 시대를 앞서간 선각자라 할 수 있을 것이다. 이 뜻을 실천하기 위하여 1965년 무렵 일본 야마기시회에 9개월 동안 연찬을 다녀왔으니, 그때 행동을 같이한 사람이 다섯이었다. 그 가운데 선친을 포함한 두 분이 뜻을 모아 1966년 벽두에 수원 농민회관에서 야마기시즘 특별 강습 연찬회를 열었는데, 이것이 한국에서 내딛은 이 운동의 첫걸음이다. 이 강습회에는 김원경 교수를 비롯하여 농촌운동가인 김서정 선생, 그리고 20대의 젊은 이우재, 황민영 씨 등이 참여하였다.

막 군을 제대하고 복학을 한 선생은 이때까지만 해도 이 운동을 유토

피아적 사고 경향을 띤 것이라고만 막연히 생각하며 육종학자가 되어 곁에서 도우리라 생각하였다. 그런데 불행히도 야마기시즘 운동이 걸음마를 떼자마자 선친께서는 암으로 시한부 생명을 선고받는다. 부랴부랴 서울에서 내려왔을 때는 이미 의식불명에 빠진 상태였으나 다행히 얼마 전 녹음해둔 유언을 들을 수 있었다. 곧 죽음을 눈앞에 둔 분이라고는 믿기지 않을 정도로 열정적으로, 그리고 유쾌하게 말씀하셨다고 선생은 회상한다.

"우리 모두 즐겁고 사이좋게 사는 세상을 만들어보자. 그러나 나는 숨이 가쁘다"고 하셨다.

어머니께서 "그러면 성렬이가 이어받아도 되겠느냐?"고 물으니 가타부타 일언반구도 없이 침묵을 지키셨다고 한다.

선생은 희망찬 분위기로 마지막 유언을 풀어놓는 그때 느낌으로 보아 꼭 자신이 뒤를 따르리라는 걸 당연하게 여기시는 거라고 받아들였다. 그리고 얼마 지나지 않아 아버님이 쉰여섯 해를 마지막으로 흐뭇한 미소를 지으며 눈을 감는 순간을 곁에서 지켜본다. 이 짧은 순간 두 부자 사이에 신선한 충격과 감동 어린 교감이 오간 걸까.

"이 세상 마지막 가는 길에서 만족하게 웃음 지으며 편안하게 죽음을 받아들일 수 있는 삶이라면 한번 해볼 만한 일이 아니겠는가라고 각성하게 되었죠."

선친이 남긴 가장 값진 유산은 세상을 뜨는 순간에 지어 보인 미소였던 셈이다. 아마 그분은 미련도 집착도 버릴 수 있었던 후회 없는 삶에 대한 만족과 함께, 이제 막 자라기 시작한 생명운동에 당신의 자식이 뒤를 따르리란 믿음을 가졌기에 죽음 앞에서 행복한 미소를 지을 수 있었던 게 아닐까 상상해본다.

선생은 이를 계기로 거듭나게 된다. 삶 전체가 통째로 방향을 바꾼 것이다. "그 전까지는 그저 이해를 하는 차원이었지만 이제 더 이상 주저란 없다고 생각했죠."

초기에는 짧은 경험과 설익은 환경 탓에 10여 곳의 공동체 농장이 무너지는 아픔을 겪기도 했다. 한때 오갈 데 없이 돌아다니며 고민 끝에 장기전으로 가야 한다는 결론을 내리고, 서울의 한 고등학교에서 교사로 평범한 생활을 하였다. 다만 주말과 방학이면 어김없이 경기도와 충청도 일원을 열심히 돌아다니며 양계 보급과 강습회 활동을 계속하였다. 이 시절은 운동의 잠복기이자 모색기였다고 할 수 있겠다.

경기도 안성의 한 천주교회를 근거로 삼아 강습회 활동을 하였는데, 점차 동리 사람들이 농협이나 농촌지도소를 멀리하고 몰려들자 공안기관이 강습 내용이나 교재를 꼬투리 잡아 무시로 연행해가기도 하였다. '협동', '평등'이란 단어만 들어도 두드러기를 일으키는 그들에게는 야마기시즘에서 설파하는 이념이 과격하고 불순한 선동으로 들렸을 터였다. 이런 까닭에 일거수일투족이 감시당하며 걸핏하면 끌려가는 수모와 시련을 겪으면서도 끝내 저항과 투쟁으로 대응하지는 않았다.

"생명운동은 자신을 박해하는 사람일지라도 포용하고 사랑하는 정신을 가져야 해요. 그래서 그들도 함께 살아가는 동등한 존재로 인정하는 것이야말로 진정한 평화를 추구하는 자세이지요."

진리를 찾는 길에 서 있다는 확신은 외부의 질시와 탄압이 더 큰 화를

부르지 않도록 지혜를 발휘하여, 어려움을 묵묵히 견디고 이겨내는 힘이 되었다. 하지만 더 큰 고민과 갈등은 정작 내부에서 소용돌이치고 있었던 것 같다.

"교직에 몸을 담은 채 여기저기 쫓아다니면서 연찬회 활동을 하면서도 손에 잡히는 그 무엇이 없었습니다. 이건 성과 없이 말만 무성하게 하고 다니는 것 아닌가, 그렇담 이런 운동 방식 자체가 참으로 모순이 아닌가라는 갈등을 적잖이 겪었어요. 당장이라도 현장에 내려가야만 할 것 같아 조급해지기도 했으나, 참담한 실패를 경험한 뒤라 어떠한 경우라도 혼자 하는 차원이어서는 안 된다, 그래서는 운동을 실현할 수 없다고 마음을 다잡아야 했지요."

늦더라도 여럿이 일체가 되어서 나아가는 원칙을 지킨 건 "운동이란 모두가 공명해서 함께 하는 것"이란 명확한 믿음이 바탕에 있었기 때문이다.

우여곡절 끝에 1980년대 초 회원들 농장 창고를 빌려 '맹물과 누더기'만의 춥고 배고픈 '거지 같은' 생활을 하면서도 강습 활동을 심화시켜갔다. 그러다, 드디어 1984년 여섯 가구가 모여 정해진 곳도 없이 출발해 결국 이곳 화성군 실현지를 정착시키는 감격을 맛본다. 없으면 없는 대로 아궁이 재마저도 모두 가져온다는 무소유일체의 비장한 결의를 하면서…….

무고정 전진하는 연찬 - 머무르지 않는 자기 혁신

야마기시즘에서 말하는 무소유란 단지 소유를 부정하는 상대적인 의미를 넘어서 "혼자도 여럿이도 가지지 않는다"는 보다 높은 차원을 말한다. "가지려 하지 않고 가질 수도 없는 것이 자연"이며, "우리 인간의 관념 속에서만 소유가 있을 뿐 실재하는 것이 아니다." 관념은 삶을 딱딱하고 부자연스럽게 만드는 것이어서 "내 것, 네 것, 인간의 것이라는 집착과 아집을 낳으며 이러한 생각 자체가 소유에 속한다"고 하니, 일체유심조(一切有心造)라는 부처의 깨달음과도 서로 통하는 점이 있다하겠다.

그렇다면 어떻게 소유를 넘어서서 자율적이고 자유로운 공동체에 이를 수 있을까. 여기에 '연찬(研鑽)'이라는 독특한 방법이 제시된다. 어떤 문제를 원점에서 궁구해나가다 사물의 참된 원리를 찾고, 이에 근거해서 해결해가는 과정 전체를 연찬이라 이른다.

그런데 이마저도 굉장히 느슨하고 열린 개념이어서 여기에 어떠한 전제든, 형식이든 정해짐이란 없다. 일하고 즐거이 노는 것, 홀로 진리를 구하고자 깊이 사고에 몰두하는 것, 그 밖에 생활에서 일어나는 모든 일이 다 연찬의 연속인 것이다.

"명상이나 참선과 비슷하네요"라고 했더니, 그와는 차이가 있다고 설명하였다.

"특별한 방법이나 형식을 이름이 아니라 진짜 과학하는 자세를 말합니다. 기존의 관념을 모두 털어버리고 모든 것을 '이게 참일까' 다시 의심함으로써 사물의 이치를 근본부터 깨달아 생활에 적용하고 실험하는 것이라 할 수 있지요. 여기서 자기 혼자만의 생각에 몰두하지 않도록 주의를 기울이는 것이 중요합니다. 자칫 아집과 집착에 빠지기 쉽기 때문이죠. 다른 사람의 마음과 의견을 함께 나누는 가운데 참된 진리로 더 가까이 다가갈 수 있다고 봅니다."

따라서 현재 얻은 결론은 "다만 지금 옳다고 잠정적으로 믿는 것일 뿐 절대적이고 궁극적인 어떤 것이 아니며" 어느 하나의 관념에 머무르지 않는다. 이것이 '무고정(無固定) 전진 방식'이요, 참된 과학을 하는 성숙한 자세이다. 따라서 이렇게 얻은 모든 문제에 대한 최종적인 결론은 항상 개인의 자유의지에 따른다.

몸으로 직접 부딪쳐보지 않은 외부인의 눈으로 보아서 그런지 선뜻 다가오지 않는 어려움을 느꼈지만, "이렇게 대화하며 삶을 나누는 연찬을 통해 아집에 가득 찬 자신을 발견하는 성찰을 끊임없이 하면서 삶이 쑥쑥 자라나는" 묘미를 느낄 수 있다는 말에서, 진정 마음에서 우러나는 기쁨과 행복에 가득 찬 울림이 들려왔다.

자연과 인위의 조화를 추구하는 일체주의

많이 알려진 대로 야마기시즘은 농사와 생활에 기계와 같은 문명의 이기를 이용하는 데 매우 적극적이다. 그래서 "기계화할 수 있는 일을 인간이 대신해서 하는 것은 헛된 일이며, 노동도 그 무엇도 아닌 그저 무지일 뿐"이라고까지 말한다. 야마기시회의 연찬 생활에서 추구하는 '참된 과학을 하는 자세'에서도 엿볼 수 있듯이, 과학적 합리주의를 "자연의 조화를 깨뜨리지 않는다면"이라는 전제 아래 수용한다. 이는 다른 생태운동의 입장과 사뭇 달라서 이 분야 운동에서는 보기 힘든 독특한 견해라 할 수 있다.

생태주의 입장에서는 농사도 자연이 지닌 생명력을 온전히 살리는 데에 초점을 둔다. 그래서 자연 생태계가 순환하는 원리에 순응하는 자세를 중요시하고 인위적인 요소가 개입하는 것에 훨씬 비판적이며 조심스럽다. 오늘날 생태적 재앙을 불러일으킨 원인으로 과학적 합리 주의라는 현대 문명의 패러다임 자체에 혐의를 두고 있음은 잘 알려져 있다.

그러나 선생이 보기에는 "인위도 하나의 자연계이자 그 일부이며, 농사도 인위적 행위"이다. 따라서 그 인위는 "자연과 조화된 인위여야 하며, 인간의 지능은 무한히 진화하고 진보하기 때문에 이는 실현 가능한 것"이다. 나아가 선생이 말하는 야마기시즘 농법은 "단지 친환경적 기술에 머무르지 않고 과학기술을 응용해서 계속 효율적인 방법을 추구하지요. 만약 해가 전혀 없는 제초제를 만들 수 있다면 쓸 것입니다. 인간을 행복하게 만드는 것은 바로 인간의 지능입니다." 인간의 이성이 갖는 힘이랄까 능력에 대한 대단한 믿음이 아닐 수 없다.

공동체 마을을 꾸려가다 보면 좋은 일도 많지만 그만큼 좋지 않은 일도 있게 마련이다. 한 가족이 화목하게 살기도 쉽지 않은데, 하물며 피도 섞이지 않은 사람끼리 같이 산다는 일이 어이 그렇게 쉬울 수만 있겠는가? 그러나 선생은, 좋은 일이든 좋지 않은 일이든 그 모든 것이 공동체를 꾸려가는 데에는 다 필요한 것이라고 생각한다. 선생과 대화를 나누면서, 흔히 '미운 정 고운 정' 이라는 말을 하는데 아마 고운 정보다는 미운 정이 많이 들수록 정다움이 더 새록새록하지 않을까 하는 생각이 퍼뜩 스쳐갔다.

인간의 지적 능력에 대한 믿음이 강하니 인류의 미래에 대해서도 상당히 낙관적이실 것 같다고 하니까, 이제 세계의 많은 사람들 내면에서부터 기존의 신념과 가치가 무너지고 있을 뿐 아니라 점차 "가지지 않는 새로운 세계에 눈을 떠가고 있으니 희망적"이라고 말한다. '소유'라는 관념과 가치가 옛 사람의 낡은 의식이 되는 인류의 새로운 진화 단계가 머지 않아 오리라는 이야기로 들린다. 운동은 다만 이를 촉진할 뿐이며…….

"수탉을 함께 넣어 기르는 것은 단지 유정란을 먹기 위해서가 아니라 닭이 좋아하기 때문이죠. 인간 본위로 생각하지 아니하고 작물과 가축 모두가 일체의 자연이라고 보기 때문에 모두가 쾌적하게 잘 자랄 수 있도록 한 결과 유정란을 얻은 것일 뿐이고요. 모든 존재가 자신의 개성과 창의성을 마음껏 발휘할 때 우리는 풍요롭고 행복하며 평화롭게 살 수 있습니다. 그리고 그 이상은 반드시 실현할 수 있으며, 우리 인간은 그 방법을 알 수 있는 존재랍니다."

이야기를 마치고 나니 어느덧 해질녘, 저녁밥을 권하기에 식당 안으로 들어섰다. 집안 식구들 식탁에 마주 앉듯 반갑게 대하는 사람들 얼굴마다 푸근한 웃음이 번진다. 꼭 오랜만에 고향집 밥상을 마주하듯 넉넉한 편안함을 맛본다. 소박하지만 풍성한 저녁 밥상, 자신의 노동으로 거두어들인 식탁에서 지금 여기의 삶이 즐겁고 행복하다는 걸 느낀다. 어찌 이를 기꺼이 스스로 즐기지 않겠는가.

이 마음의 여유와 풍요에서 배어 나오는 부드럽지만 강한 자신감 같은 것은 아마도 자급자족하는 삶에서 나오는 것일 게다. 이 자신감이 누구에게도 기대지 않는 자율을 낳고 그것은 다시 자치의 바탕을 이루는 듯싶다. "각자의 자율에서 나오는 자유로움이야말로 가장 안정된 질서"라는 선생의 말이 오롯이 가슴으로 전해졌다.

도시와 농촌을 함께 살리는 일만이 살길이다

—도농공동체 한살림의 박재일 회장

농업은 경제가 아니야

"새천년을 맞이해서는…… 우리가 지금까지 했던 일, 그리고 하던 일을 더욱 열심히 해야죠."

소박하게 웃으며 말하는 첫마디는 어렵고 혼돈 속에 있는 우리에게 이럴 때일수록 기본으로 돌아가 충실한 삶을 살라는 박재일 선생(64세)의 따뜻한 충고였다.

"농업을 자본주의의 경제논리로 해석해서는 안 됩니다. 농업은 생명이 있게 하는 근본 활동입니다. 농촌을 돈으로 생각하니까 농업과 농촌을 우습게 보게 되고, 우리 입으로 들어가는 먹을거리조차도 70퍼센트나 외국 농민의 손에 맡기고 있는 실정 아니겠습니까?

바야흐로 세계는 무한경쟁 시대가 되었습니다. 우리가 우리의 식량을 계속 외국인의 손에 맡기고 있다간 큰 낭패를 당할 날이 곧 오게 될 것입니다. 우리가 IMF를 겪은 것도 같은 맥락에서 이해할 수 있는 사안입니다. 지금 세계 곡물시장은 4대 메이저에 의해 움직이고 있는데, 이렇게 자본에 의해 움직이는 메이저들이 곡물파동이 났을 때 우리에게 제대로 식량을 공급하겠는가 말입니다. 더 비싼 값을 주는 곳에 파는 게 당연한 일 아닙니까?

그렇다고 농업이 이렇게 중요하니까 농사 짓는 사람들보고 너희들이나 열심히 해라고 해서는 안 됩니다. 농사 짓는 20퍼센트의 힘만 가지고는 되지가 않습니다. 소비하는 도시 사람들 80퍼센트의 힘이 합쳐질 때 비로소 제대로 된 농사가 되는 것이고, 이 원칙에 가까워지도록 노력하다 보니까 오늘의 한살림이 만들어지게 된 것이죠."

선생이 그렇게 도농공동체 운동을 시작한 것은, 우리나라에도 농약과 환경오염으로 인한 먹거리의 위험이 서서히 드러나기 시작할 때였다. 매슬로의 인간욕구 5단계설처럼 최하단계인 생존욕구의 단계를 지나 바로 윗단계인 안전성의 욕구 단계로 올라서기 시작하였던 것이다. '인간에게는 안전하고 건강한 먹거리가 지속적으로 공급되어야 기본 생활을 영위해나갈 수가 있다.' 이러한 사회적 의식이 싹트기 시작할 무렵인 1986년 서울에서 한살림 운동이 시작된 것이다.

"그때가 84년도였을 겁니다. 원주에서 그 동안 해오던 생활협동조합(이하 생협) 활동을 본격적으로 시작한 것이…….

정신없이 앞만 보고 달려온 경제 발전의 반대급부로 공해, 자원 낭비, 생명 경시, 가치관의 변화 등 정말 환경의 파괴는 이루 말할 수가 없

였죠. 이때 나타났던 게 먹거리의 양만 늘리기 위해 그 동안 퍼부었던 농약, 비료의 피해였죠. 농약과 비료의 덕으로 양적으로는 상당한 발전을 이루었지만 과연 이런 먹을거리가 안전한가? 여기에 눈을 돌리게 되었던 것입니다.

그러나 처음부터 우리의 운동이 지금과 같은 것은 아니었습니다. 1972년 남한강 유역에 대홍수가 나서 논밭은 결단나고 농촌은 완전히 황폐화되었습니다. 농촌뿐이 아닙니다. 이 지역은 광산촌이 많은데 홍수로 광산이 무너져 광부들까지 모두 굶어죽게 된 것입니다. 이때 이 지역이 가톨릭 원주교구 지역이었는데 제가 이곳에서 관련된 일을 하고 있었지요. 그때 원주교구의 지학순 주교께서 외국의 교회들에게 원조 요청을 하셨습니다. 그 덕에 독일의 교회 등지에서 구호품이 도착하여 우선 숨을 돌리게 된 것인데……."

그 일을 계기로 지역의 안정된 생활대책을 논의하던 끝에 장일순 선생과 김지하 시인 등 같이 모여 일을 하던 여러 사람들이 중심이 되어

가톨릭농민회 운동을 발족하게 된다. 당시만 해도 선구적이라 할 만큼 모인 사람들은 모두 환경과 생명운동의 중요성을 깨닫고 있었지만, 우선 현실을 개선시키는 운동이 더 절실한 것으로 판단하여 농민운동을 시작하게 된 것이다. 그렇게 70년대 후반부터 80년대 초까지 가톨릭농민회(이하 가농)는 민주주의 투쟁에 나서다, 후반기부터는 농민운동을 전담할 전농이 탄생하여 생명살리기 운동으로 자신의 역할을 옮기게 된다. 한살림의 탄생 배경에는 이런 운동의 변화가 있었다

"86년 12월 4일, 동대문구 제기동에 '한살림 농산'이라는 직판장을 냈습니다. 물론 처음부터 준비를 확실히 하지는 못했습니다. 그저 원주에서 해본 경험을 갖고 시작했던 것이지요. 그때는 지금과 같은 회원제 운영제도 아니었습니다. 직판장에다 생산물을 갖다놓고 지나가는 손님들에게 우리는 이러이러한 생각을 가지고 이렇게 생산을 한 것이니 자유롭게 이용하시라는 정도였습니다."

한살림은 기본적으로 안전한 먹거리를 위한 소비자 운동으로 시작하였지만, 그것의 기본 정신은 생명 살리기이다. 소비자들 자신의 건강만을 위한 것이 아니라는 점인데, 농약과 제초제로 인해 죽어가고 있는 흙을 살리기 위해선 단지 생산자인 농민만 변해서 되는 것이 아니라 소비자의 의식도 따라서 변해야 가능하다는 것이다.

실로 우리의 산하는 농약과 제초제에 의해 서서히 죽어가고 있다. 특히 농약과 제초제에 들어 있는, 환경호르몬이라 불리는 내분비계 교란 물질은 땅만이 아니라 농촌과 도시 모두를 죽여가고 있다. 우리가 이 땅에서 농사를 지은 지 반만년, 그 장구한 역사가 단 한 세대의 화학농법으로 망해버리고 있는 것이다. 딱딱하게 굳어져버린 땅 위로 쏟아지

는 산성비, 죽음의 땅으로 변해가는 나와 내 아버지의 고향……

그렇다면 과연 도시와 농촌을 살리고 인간과 자연을 살리는 공생의 농법은 무엇인가?

"두말할 필요도 없이 농사 짓는 방법을 바꾸어야 합니다. 약탈적이고 착취적인 방법에서, 지속 가능하고 순환적인, 소위 말하는 유기농법으로 전환해야 하는 겁니다. 그러나 여기에는 몇 가지 문제점이 있습니다. 우선 농촌 인구의 노령화로 인력이 부족한 점, 인구 자체가 줄어들어 노동력이 없는 점, 그리고 무엇보다도 농법을 바꾸면 당장 농촌에서 생활이 안 된다는 것이 가장 큰 문제입니다.

이러한 문제를 해결하기 위해 정부에서도 '환경농업육성법'을 제정하는 등 노력은 하고 있으나 여기서 가장 절실히 요구되는 게 바로 도시 소비자의 힘입니다.

그저 돈을 주고 농산물을 사먹는 게 아니라 도시와 농촌이 하나, 이웃과 이웃이 하나라는 것을 깨닫고 책임 소비를 하는 거죠. 이 책임 소비가 이루어지면 비로소 공생의 한살림이 실현되는 것입니다."

비영리 단체인 한살림의 현재 회원 수는 생산농가 회원이 5백여 가구, 소비자 회원이 전국에 2만 5천여 세대, 서울에만 1만 8천여 세대 그리고 연간 공급가액이 백억 원의 규모에 이르고 있다. 창립 당시 조그만 구멍가게로 시작한 것을 생각하면, 가히 놀랄 만한 발전이 아닐 수 없다. 비영리 단체가 이 정도로 발전한 것은 쉽게 이룰 수 없는 일이다. 거기에는 남다른 운동의 상과 조직의 힘이 있었다.

"우리가 이 운동을 하는 가장 기초적인 사고방식은 '밥은 하늘이다' 라는 것입니다. 우리의 밥상과 농업을 살리고 나아가서는 온 누리의 생

처음 한살림을 만들 때는 모든 것을 무(無)에서 시작해야 했다. 지금 이렇게 살림 규모가 커진 한
살림을 볼 때, 도저히 초기의 구멍가게 시절을 떠올리기가 쉽지 않다. 거기에는 박재일 선생의 지
도력이 적지 않이 영향을 끼쳐왔을 텐데, 부드러우면서도 올곧은 선생의 품성이 뒷받침되었을 듯
하다. 조만간 귀농할 계획을 갖고 계신 것만 보아도, 농산물 유통업으로서의 한살림이 아니라 도
농공동체 운동으로서 한살림의 정신을 지키고자 하는 선생의 뜻을 읽을 수 있다.

명을 살리려면 밥상을 차리는 소비자와 생산하는 생산자가 같이 주인으로 참여해서 함께 운동을 꾸려나가야 한다는 것입니다. 그러려면 조직 방식은 기본적으로 공동체적이어야 하며, 바로 그것에 충실한 형태를 회원제라고 생각한 겁니다. 그것도 단순한 회원제가 아닙니다. 한살림의 회원이 되어 우리 물건을 사용하려면 공동 구입이 기본입니다. 그러려면 꼭 이웃을 만들어야 하는 것이지요."

생산자는 생산공동체, 소비자는 소비공동체

한살림은 그저 농촌의 유기농산물을 서울의 소비자에게 판매하는 단순한 직거래 조직이 아니다. 돈이 있다고 해서 마음대로 물건을 살 수 있고 거기서 나오는 이익을 취하겠다는 얄팍한 생각이었다면 한살림 운동은 벌써 물 건너갔을지 모른다. 근래에 한살림의 회원제를 본떠 약삭빠른 상혼으로 유기농산물 회원제 운운하는 단체들이 있는데, 이들은 부활의 꿈 이전에 십자가의 고통을 먼저 알아야 할 것이다.

"한살림을 이용하려면 쉽지가 않습니다. 좀 복잡하지요. 회원이 되어도 농산물을 이용하려면 반드시 공동체를 꾸려 공동 주문을 해야 하고 그것도 일주일에 한 번만 배달을 해줍니다. 이렇게 한 것은 단지 비용을 줄이기 위한 것만이 아닙니다. 저희가 추구하는 것이 단지 건강한 먹거리를 먹는 데에만 있는 게 아니라 모두 다 함께 하는 공동체적인 삶이기 때문에 도시 사람들간에도 서로간에 나누는 문화가 있어야겠다는 생각에서였지요. 그런데 현재 도시의 문화라는 게 어떻습니까? 서로가 삶을 나누는 기회는커녕 파편 조각처럼 갈기갈기 흩어져 살고 있지 않습니까? 도시의 거대한 아파트단지 하나하나가 공동체라면 이 세상이 이렇게 각박해지겠습니까?

한 동에 백여 세대가 사는데 같이 이웃하며 살면서도 이웃이 없어요. 아파트 벽 하나가 그야말로 철옹성인 셈이지요. 그래서 이것을 헐어내기 위해 공동 구매라는 공동체를 만든 것입니다.

이걸 하니까 물건을 주문하려면 옆 사람들을 찾는 것입니다. 처음 만날 땐 어색하지만 자꾸 공동 구매를 하다 보면 자주 접촉해야 되고 그러다 보면 친해지게 됩니다. 친한 사이가 되니까 살아가는 이야기를 나누게 되고, 살아가는 이야기를 나누다 보니까 이런 얘기 저런 얘기, 좋은 얘기 싫은 얘기 하다가 서로 취미활동도 같이하고 아이들 지도도 같이하고, 이런 게 발전해서 요즈음은 지역화폐 얘기까지 나오고 있어요."

지역화폐 시스템(LETS, Local Exchange Trading System)은 녹색연합에서 발행하는 《작은 것이 아름답다》라는 잡지의 '작아장터'를 보면 쉽게 이해가 간다.

지역화폐는 1980년대 초 실업률이 급등했던 캐나다의 코목스 지역에서 활기를 잃어가는 지역의 현실을 극복하기 위해 고심하던 마이클 린턴에 의해 처음 시작되었다. 실직자도 많고 일할 사람을 필요로 하는 곳도 많은데, 단지 돈이 없어서 그 거래가 이루어지지 못하는 현실을 보고 현금 없이도 서로 거래, 교환할 수 있는 방법으로 고안해낸 것이다. 이후 전세계적으로 1천6백여 개의 시스템이 가동 중이며, 최근 급격하게 늘어나 영국, 뉴질랜드, 오스트레일리아 등지에서도 운영되고 있는데, 특히 뉴질랜드에서는 정부의 적극적인 지원 아래 활발하게 전개되고 있다고 한다.

　　우리나라에서는 '녹색평론'이 지난 96년에 처음 소개한 이후 '미내 사 클럽(미래를 내다보는 사람들, 현 회원 약 4백 명)'이 98년 3월부터 국 내 처음으로 가동을 시작했는데, 지금은 불교환경교육원, 인천정보통 신센터, 송파구청 자원봉사센터, 서초구청 등 십여 군데서 운영하고 있 다. 또 도서출판 민들레에서는 주로 교육에 관련된 서비스를 주고받는 교육통화도 운영하고 있는데, 애초에는 '지역' 개념으로 시작한 것이 '같은 관심사를 가진 사람'의 영역으로 확대되어가고 있는 것이다.

　　"처음 귀농을 하시면 참으로 어려운 일이 많으실 겁니다. 자꾸 오르 는 땅값에, 지역 주민들과의 융화, 유기농에 알맞은 종자 구하기, 농산 물 처분을 통한 현금수입 등등……. 그러나 이런 어려움은 여러분이 땅을 살리고, 농촌을 살리고, 나아가 우리나라를 살리는 초석이 된다는 사실 앞에서는 아무것도 아닌 것이죠."

　　우리는 자주 '하루하루 열심히 살아가는 사람'이라는 말을 한다. 그 러나 그 '열심히'는 나와 내 가족의 부귀와 영달을 위해서만 발버둥치

며 사는 모습을 말하는 것은 아닐까? 그것도 다른 일도 아닌 오로지 돈 버는 일에만⋯⋯. 그 '열심' 중에 여덟심 정도는 살던 대로 살고, 하나 나 두심 정도만이라도 이 사회와 이웃 그리고 국가와 민족을 위해 산다면, 그래도 우리 사회가 이렇게 각박할까?

　각자 흩어져 자신만을 위하여 아무리 열심히 살아보아도 그것은 모래알이다. 둑도 쌓을 수 없고, 집도 지을 수 없는 모래알일 뿐이다. 서로 헐뜯고 싸워도 그것조차도 아랑곳없이 '열심히' 살아가는 또 다른 모래알들일 뿐이다. 우리가 서로 욕심을 조금씩만 떼어내고 이웃을 위해 산다면 내가 떼어낸 그 부분은 열 배, 백 배가 되어 나에게, 내 가족에게 돌아올 것이다. 개인이 할 수 있는 일이 있고, 사회가 할 수 있는 일이 있고, 국가가 되어야만 할 수 있는 일이 있다. 우리 가족에서 나로 자꾸자꾸 작아지는 인간이 아니라 이웃으로, 사회로, 민족으로 점점 커져가는 사람이 되도록 해야 한다.

도시와 농촌이 서로 상생하는 공동체로

"생산자는 농사를 지으면서 도시에 있는 우리 회원들 얼굴을 떠올립니다. 그리고 도시의 소비자 회원들은 밥이나 반찬, 과일 등을 먹을 때 생산자 회원들의 얼굴과 그들의 손길을 생각합니다. 그냥 그렇게 되는 게 아닙니다. 현지에서 서로 방문하는 기회를 가지고 체험을 하면 저절로 됩니다.

추수를 할 때면 소비자 회원들이 낫을 쥐고 벼 베기를 하러 갑니다. 물론 벼 베기를 처음 하는 사람들도 있죠. 그러나 잘 하든 못 하든, 한참을 낫질을 하고 나면 그 생산자의 수고를 몸소 느끼고 깨닫게 되는 겁니다."

농약을 치지 않은 누런 벼논은 새벽엔 흰 이슬을 머금은 거미줄이 비단처럼 덮여 있고 낮이 되면 수많은 메뚜기떼가 뛰노는 운동장이 된다. 그 메뚜기떼 사이로 뛰노는 아이들, 아이들에겐 자연과 인간, 도시와 농촌이 구분되질 않는다. 반면 어른의 이기심은 부잣집 아이, 공부 잘 하는 아이와의 친구 관계만을 강요할 뿐이다. 이런 인간관계 속에서 우리는 너무도 소중한 많은 것을 잃어버렸다.

"또 5월이면 생산자와 소비자가 농촌의 한 지역에 모두 모여 단오제를 여는데, 저희는 이것을 대동제라고 합니다. 5월 단오는 사실 모 심는 축제일인데 지금은 없어졌지요. 이것을 다시 살리려는 것이지요. 그래서 89년부터 매해 해오고 있습니다. 옛날처럼 널도 만들고 여러 놀이도 즐기며 마을 사람들과 소비자 회원들이 하나가 되어 대동제를 즐깁니다. 이런 행사에 한번 참여하고 나면 사람들의 생각이 많이 달라집니다.

추수가 끝난 후 11월이 되면 이번에는 도시에서 생산자들을 초청해 함께 한살림 잔치마당을 엽니다. 생산자들이 각각 자기가 생산한 물품을 갖다 전시도 하고 음식을 만들기도 하여 소비자들과 함께 무사히 수확을 할 수 있었던 것에 대한 감사를 전합니다. 이런 만남의 행사는 우리의 전통문화를 곁들이게 마련입니다. 우리 문화의 의미도 다시 되새길 수가 있고 여하튼 재미나게 장터를 엽니다. 요즈음 이런 장터가 많은데 그 뜻이나 훼손시키지 않았으면 합니다"

요즘엔 전통문화조차 얄팍한 상혼들에 의해 우리 것의 순수함이 변질되고 있다. 아마 이는 오랜 세월 동안 전통문화 속에 내재해온 공동체 정신을 싹 빼버림으로써 나온 결과일지 모른다. 전통문화란 무조건 보수적인 태도를 강요함으로써 유지되는 것이 아니기에, 우리의 것을 지키면서도 다양성을 존중하는 열린 마음으로 타인의 문화를 수용해 나간다면 전통은 저절로 세계 속의 문화유산이 될 것이다.

한살림 입장에서 귀농운동은 어떠한 의미를 갖고 있을까, 마지막으로 물어보았다.

"귀농운동, 참으로 있어서는 안 될 운동이지요. 제대로 된 사회에서라면 별 필요가 없는 것입니다. 이런 운동이 존재한다는 사실 자체가 그만큼 지금 우리의 문제를 반영하는 것이겠지요.

귀농을 하시려는 분들께 제가 끝으로 당부하고 싶은 이야기가 있어요. 농사는 돈으로 하는 게 아닙니다. 농업을 경제논리로 풀어나가면 반드시 망하게 되어 있어요. 우리 농촌을 살리고 땅을 살리고, 건강한 먹거리를 살린다는 생각 외에는 농촌으로 가지고 가시면 안 됩니다. 그

마음의 중심을 가지고 노력하세요. 세상엔 공짜로 되는 것이 없습니다. 모든 것은 반드시 대가를 치르게 되어 있지요."

　"한살림 같은 곳이 우리나라에 열 개만 있어도 이 사회가 많이 달라질 텐데……"라는 말씀을 가슴에 새기며 한살림 서초동 매장을 나왔을 때에는 낮게 드리운 겨울 하늘에서 풀풀 눈발이 날리고 있었다. 나와 자연이 딴살림이 아니고, 도시와 농촌이 딴살림이 아니고, 이웃과 이웃이 딴살림이 아닌 세상. 이 눈이 내려 모든 것을 하얗게 덮고 나면 그 위엔 우리 모두가 함께 하는 한살림이 펼쳐지겠지…….

미생물도 신토불이

―충북 괴산 흙살림 연구소 이태근 소장

몇 년 전 한국 유기농업의 원로 한 분이 일본 유기농가를 방문했을 때 참으로 난처한 말을 들은 적이 있다.

"왜 한국 사람들은 일본의 미생물을 그렇게 선호하는지 모르겠습니다. 원래 미생물이란 그 땅에서 난 것이 최고인데 말이죠."

자기 땅에서 자란 먹거리가 사람에게 제일 맞듯이 그 먹거리를 키워주는 미생물 또한 그 땅에서 자란 것이 제일 맞는다는 말이다.

유기농업 성공의 관건은 흔히들 퇴비 만들기에 있다고 한다. 유기농업을 단순히 농약과 화학비료를 쓰지 않는다는 것만으로 이해한다면, 그렇게 틀린 말은 아니다.

그러나 퇴비가 수입 사료를 먹인 가축의 똥이거나 농약과 화학비료로 키운 농산물의 부산물이라면, 거기에 아무리 잔류 농약이 없다고 하더라도 유기농업의 본래의 의미와는 거리가 멀어지게 된다. 이런 유기농업은 또 다른 관행농업을 바탕으로 하기 때문이다.

유기농업을 말 그 자체로 이해한다면 무기물이 아닌 유기물을 투입하여 짓는 농사를 말하지만, 다르게는 농사를 유기적으로, 곧 순환적으로 짓는다는 중요한 의미를 담고 있다. 농사를 지어 사람이 먹을 것만 빼고는 (사람의 똥까지 포함하여) 다시 흙으로 돌려보냄으로써 흙과 작물과 사람 간의 유기적 순환체계를 되살린다는 의미이다.

그런데 그런 퇴비를 발효시킬 미생물까지 외부에서 끌어다 쓴다면, 그런 유기농업은 그야말로 허울만 유기농업이 되고 말 일이다.

우리의 미생물을 찾아 - 흙살림 연구소의 탄생 배경

흙살림 연구소의 이태근 소장(43세)이 1993년도에 이 연구소를 만들 때만 해도, 한국의 유기농업은 거의 일본을 뒤쫓고 있는 상태였다.

"이때만 해도 이른바 미생물 농법이라 불리는 EM(Effective Micro-Organism) 농법이니, 시마모토 농법이니 하는 일본의 농법들이 유행했습니다. 한국 유기농업의 역사가 짧기도 했고, 또 우리의 오랜 전통 농법들이 관행농법 때문에 거의 사라져버린 상태이니 어쩔 수 없었지요. 당시만 해도 생(生)퇴비가 어떻게 발효되어 작물의 영양분이 되는지 잘 모를 때였어요. 자체적으로 미생물을 배양할 능력이 없다 보니 일본의 미생물을 돈 주고 사다 쓰게 된 것입니다. 그래서 저는 미생물도 우리 것으로 해보자, 우리에게 맞는 유기농업을 발전시켜보자는 취지로

흙살림 연구소를 만들게 된 것입니다."

우리 음식의 대부분은 발효 식품들이다. 세계적으로 보아도 우리처럼 발효 식품을 많이 먹는 나라도 없을 것이다. 이로 볼 때 발효만을 보면 우리가 세계 제일이라고 해도 과언은 아니다. 그런데 발효가 무엇인가? 바로 미생물의 활동이다. 그런 우리나라가 미생물을 외국에서 사다 쓴다는 것은 상당히 모순된 일이 아닐 수 없다.

흙살림 연구소의 전신은 충북 괴산에서 1991년도에 만들어진 '미생물 연구회'였다. 이때는 괴산에서 유기농업을 실천하고 있던 농민들이 주축이 되었다. 물론 이때부터 미생물의 국산화를 모토로 하였는데, 93년도에 '한살림'이 참여하고부터는 이름도 '흙살림 연구 모임'으로 바꾸고 활동을 더욱 본격화하였다. 연구 모임의 대표는 현재 한살림의 회장인 박재일 선생이 맡고, 이태근 선생은 연구 모임 산하의 연구소 소장을 맡았다.

도농공동체 및 유기농산물의 도농직거래 사업을 벌이고 있던 한살림이 참여하고, 지역의 유기농민들과 함께 음성 소비자협동조합, 괴산 소비자협동조합 등이 참여하면서 연구소의 활동은 활발해졌고, 이태근 소장과 같은 농대 후배들이 연구원으로 참여함으로써 더욱 구체화되었다.

1994년도에 연구소는 처음으로 연구 성과물을 내놓았다. 음식물 찌꺼기를 재활용하여 퇴비를 만드는 프로젝트였다. 한살림의 박재일 회장이 주선하고 담배인삼공사의 공익사업단이 발주하여 5천만 원의 프로젝트비를 받아 첫 사업을 시작한 것이다.

"당시에 5천만 원이라면 꽤 큰돈이었습니다. 첫 사업치고는 성과가 매우 좋아 우리는 상당히 고무되었지요. 청주의 아파트 주민 6백 가구와 괴산의 아파트 주민들이 내놓는 음식물 찌꺼기를 제가 직접 트럭을 몰고 매일 수거해왔습니다. 그리고 지원받은 돈으로 발효 설비를 마련하여 퇴비를 만들기 시작했지요."

기계에 의존하지 않는 순환 시스템

"첫 사업을 1년 하다 보니 문제의식이 생겼습니다. 기존 일본의 EM 농법은 음식물에다 발효균을 넣어 퇴비를 만든다는 논리인데, 음식물이란 그냥 생쓰레기여서 1차 발효만 해서는 제대로 된 퇴비가 만들어지기 힘들다는 생각이 든 겁니다. 예를 들어, 사람의 똥을 봅시다. 똥은 일단 사람 뱃속에서 1차 숙성된 것인데도 한 번 더 발효를 시킨 다음에야 활용할 수 있습니다. 그러니 음식물 찌꺼기를 한 번 발효시킨 것은 어떻게 보면 똥보다도 못한 측면이 있지요. 똥보다 못한 것을 일부러 비싼 기계에 집어넣어 부수고, 또 톱밥이나 발효제 등 비싼 자재를 섞어 복잡한 과정을 거쳐야 겨우 똥 정도의 제품을 만드는 것인데, 생각할수록 뭔가 문제가 있는 것 같았습니다.

그래서 생각해낸 것이 닭이었지요. 음식물 찌꺼기를 기계로 발효시키는 것이 아니라, 일단 닭의 먹이로 주어 계분이라는 형태로 한 번 발효를 시킵니다. 그리고 닭들이 음식물을 밟고 다니고 뒤적이면서 또 한 번 숙성이 됩니다. 더불어 어쩔 수 없이 생기는 구더기 또한 닭의 먹이가 되지요. 부수적으로는 음식물 찌꺼기에서 나오는 악취도 자연스럽게 해결됩니다.

닭도 양계장에서 수명이 다하여 버려지는 폐계를 이용합니다. 사실 이 폐계는 실제로 수명을 다한 것이 아니라 강제로 달걀을 빼내느라 더 이상 생산성이 없어 버려지는 것들인데, 이놈들을 싸게 사다가 제대로 된 환경에서 현미쌀 등 깨끗한 천연 사료를 먹이면 닭이 갖고 있던 본래의 생명력이 살아나게 됩니다.

그리고 이렇게 되살려진 닭들이 음식물 찌꺼기를 먹으며 자연스럽게 퇴비도 만들고, 그 닭들이 낳은 달걀들은 음식물을 공급해주는 아파트 주민들에게 싼값으로 공급됨으로써 비로소 순환 체계가 만들어지는 것입니다."

폐계를 활용함으로써 흙살림 순환 농법은 명실상부한 독자적인 유기 농법으로서 면모를 갖추게 된다. 비싼 기계 설비를 할 필요도 없게 되었고, 닭이든 음식물이든 재활용함으로써 경제적 의미를 매우 높일 수 있었다.

한편, 폐계를 이용한 순환 농법은 더욱 정밀한 체계를 갖추게 되는

데, 지렁이를 이용하는 게 그것이다. 비닐하우스 네 동을 마련하여 한 칸씩 건너서 한 동은 닭을, 한 동은 지렁이를 투입한다. 닭에 의해 1차 발효된 찌꺼기는 일단 옆의 빈 하우스로 옮겨 더 숙성시키고, 그 다음 지렁이가 있는 하우스로 옮겨 지렁이 먹이로 사용함으로써 더욱 정밀 하게 발효시킨다. 그렇게 발효된 것은 그 자체가 미생물 덩어리이면서 또한 작물에 매우 유익한 퇴비로 만들어지는 것이다.

현재 흙살림 연구소는 여러 개의 특허를 확보하고 있다. 위의 순환 농 법에서부터 미생물 제재와 미생물 배양 기계 특허 등이 그것이다.

"지금 우리의 특허를 공식적으로 사용하고 있는 곳은 대여섯 군데쯤 됩니다. 그리고 우리가 생산한 미생물 발효제도 전국 곳곳의 유기농가 에 팔려나가고 있는 상황입니다. 그런데 우리의 순환 농법을 허락도 없 이 슬쩍 베껴서 사용하고 있는 곳도 꽤 됩니다. 우리가 특허를 갖고 있 다고 해서 특별히 사용료를 받는 것도 아닌데 말입니다. 우리에게 와서 교육도 받고 또 같이 협력해서 하면 서로가 좋을 텐데, 참으로 이해가 가지 않습니다.

또한 우리의 미생물 발효제도 점차 그 시장을 넓혀가고 있는 상황입 니다. 물론 아직도 일본의 제품들이 상당히 팔리고 있는 상황이지만 옛 날에 비하면 아주 좋아진 것이지요.

여하튼 우리는 앞으로도 계속 환경농업을 과학화하고 그것에 맞는 생태적 기술을 개발하는 데 역점을 두고자 합니다. 그래서 작년엔 연구 소 산하로 사업부를 만들어 '(주)흙살림'을 창립하였습니다. 아무래도 연구소 형태보다는 사업체 형태를 띠어야 더 활력 있게 일을 벌여 나갈 수 있을 것 같아서요."

약간 어눌한 말투에 과묵한 표정에서 우리는 험난한 시대를 헤쳐온 선생의 뚝심을 읽을 수 있다. 타지에서 아무것도 가진 것 없이 독재정권 시절부터 고난의 농민운동을 거쳐 지금의 흙살림 연구소를 이끌기까지 한 번도 옆길을 기웃거리지 않으며 묵묵히 자기 길을 걸어올 수 있었던 힘도 바로 거기에 있으리라.

그러나 연구소 일에 어려운 고비가 없었던 것은 아니었다. 폐교된 학교 터를 인수하여 의욕적으로 추진하려던 '환경교육장' 설립 일이 무산되면서, 그와 함께 동네에서 닭을 더 이상 사용하지 못하게 되어 약간의 난관에 봉착하기도 했다고 한다.

이 기획이 추진되면 연구소는 한층 더 발전할 수 있었기에 아쉬움이 적지는 않지만, 그런 일로 본래의 목적을 접어둘 수는 없는 일이었다.

옆을 돌아보지 않은 외길의 인생

서울 농대를 졸업한 이태근 소장은 곧바로 지금의 괴산으로 내려와 농사와 함께 농민운동 일에 뛰어들었다. 대구가 고향인 그는 이 지역에 사는 절친한 선배의 소개로 내려왔지만, 가진 것 하나 없는 완전한 외지인이었다. 이방인으로서 겪어야 할 숱한 외로움과 힘든 과정이 있었지만, 특유의 뚝심으로 외길만을 걸어왔다.

인터뷰 중에도 그러한 선생의 모습은 그대로 드러났다.

"왜, 농사를 선택하셨습니까?"

"그것말고는 생각해본 게 없었어요."

좀더 재미난 이야기가 없을까 호기심 어린 눈으로 쳐다보아도 더 말이 없다. 잠시 어색한 시간이 흘러 저도 모르게 상투적인 질문을 던져보았다.

"그런 힘든 과정을 겪으면서 나름대로 갖고 계신 인생관이 있다면 말씀 좀 해주시지요."

이 정도 나오면 대개 우여곡절의 많은 사연들을 늘어놓을 만도 할 텐데, 선생은 전혀 그렇지 않다.

"그냥 열심히 사는 것이지요."

필자가 그 동안 많은 인터뷰를 해보았지만, 이 소장만큼 재미없고 그래서 아주 시시하게(?) 끝난 사람도 드물었다. 무엇을 물어보아도 거의가 단답형 대답뿐이다. 오히려 물어본 사람이 머쓱하고, 그것을 피하려고 어쩔 수 없이 이것저것 묻다 보니 질문자가 더 많은 말을 해야 할 정도였다.

그래서 억지로 이 날 저 말 물어보고, 어떨 때는 같은 말을 요리조리 돌려서 또 물어보며 들은 선생의 얘기를 종합하면 이러하다.

"대학 때 학보사 편집장을 하며 했던 학생운동 때에도, 주변의 친구들은 농사가 아닌 사회 진출과 사회운동을 생각하였지만 나는 줄곧 농사와 농민운동 외에는 생각해보질 않았어요. 그래서 1984년 졸업하자마자 바로 이곳에 내려왔죠. 농민운동을 할 때도, 많은 활동가들이 조직 문제나 이념 문제를 갖고서 이견이 분분했지만 나는 그런 것에 별 관심이 가지 않았습니다.

농민회에서 실무자로 제가 맡았던 일은 신협, 소협, 축협과 관련하여 장부를 정리하는 회계와 부기 일들이었습니다. 그런데 그 일들이란 게 참 재미없는 것들인데다 저도 처음 접해보는 일이라 배워가면서 해야 했지만, 그것말고는 딴 일에 신경을 쓰지 않았습니다. 당시는 무엇 좀 하려면 경찰들이 수시로 감시를 하던 때여서 드러내놓고 운동을 할 수 없었던지라, 농민회 일로 농민들을 만나려면 이런 일이 좋았습니다.

그리고 한편으로는 내 농사일로 가축을 조금 키웠습니다. 주로 소와 닭을 했지요. 아마 우리 연구소에서 닭을, 그것도 폐계를 갖다 쓸 수 있었던 것도 그 경험이 있었기 때문일 겁니다."

육식문화를 개선하지 않고는 유기농업의 전망은 없다

한편 이 소장은 왜곡된 우리의 육식문화에 대해서 많은 걱정의 얘기를 들려주었다. 올해 한살림 가을 잔치 때, 닭꼬치를 사먹으려고 30분이나 줄 서서 기다리는 모습이 너무나 놀랍기만 했다고 한다.

"그래도 유기농업에 대해서 의식이 있다는 한살림 소비자들조차 저렇게 고기를 좋아하는 것을 보니 참으로 답답했습니다. 저는 미생물을 위해 축산을 했는데, 어쨌든 축산은 어디까지나 작물 농사에 부수적인 것이어야 합니다. 고기 하나의 단백질을 얻기 위해선 그것의 몇 배나 되는 식물의 단백질원을 파괴해야 한다고 하지 않습니까! 그뿐입니까? 축산은 심각한 오염원이 되고 있습니다. 얼마 전 세미나 차 인도에 다녀온 적이 있는데, 고기와 술과 담배를 전혀 하지 않는 그들의 문화를 보고는 참으로 놀랐습니다. 그러다 보니 그들은 도덕적으로도, 정서적으로도 매우 안정되어 있음을 보았습니다. 우선 남을 비판하지 않는 모습이나 어른을 존경하는 모습이 생활에 배어 있었고, 또 술과 담배를 하지 않다 보니 안정되게 학문에 정진하는 모습을 보았습니다. 내 또래의 교수가 벌써 다섯 권의 책을 저술했다는 얘기를 듣고는 놀라지 않을 수 없었습니다.

고기를 먹지 않는 대신에 그들은 쌀을 갖고 별의별 것을 다 만들어 먹습니다. 고기가 필요 없는 것이지요. 반면 우리는 어떻습니까? 우리가 언제부터 그랬다고, 지금은 고기가 들어가지 않으면 먹을 게 없습니다.

애들은 더 육식에 젖어 있지요. 어른들도 고기를 즐기다 보니 독한 술만 좋아합니다. 그러니 정서적으로, 문화적으로 안정되기 힘들 수밖에요. 우리 유기농업 입장에서 보아도 이런 육식문화는 큰 걱정거리입니다. 유기농업의 기반이 형성되기 힘들기 때문입니다."

오랜 옛날부터 우리 조상들은 가축을 작물 농사의 부수적인 것으로 활용하였다. 퇴비를 마련할 요량이거나, 농사에 유용한 농기구 대용이거나, 아니면 부산물 처리용으로 썼던 것이다. 고기를 먹고자 하는 것은 번 뒷전의 얘기였다. 축산이란 순환적인 농사에서 한 고리를 차지하는 위치였으며, 그런 체계하에서 우리만의 전통 유기농업을 지켜올 수 있었던 것이다.

흙살림 순환 농법은 이런 조상들의 전통 유기농업을 잇고자 하는 의지를 담고 있다. 동시에 이 소장의 말씀처럼, 채식을 위주로 했던 조상들의 식문화를 농법으로서 계승하고자 하는 의미도 갖고 있다 하겠다.

제4부

귀농

진정한 농민은 땅을 갈고, 자식을 갈고, 세상을 가는 사람이다

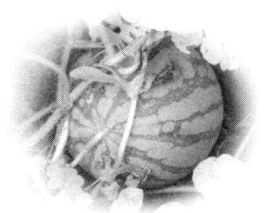

화엄적 세계관으로 이룰 생명공동체

—실상사 귀농전문학교 도법 스님

밤새 계속 내리셨는가. 방문을 열고 내다보니 천지간이 하얀 눈 세상이었다. 그제 밤부터 내린 눈이었다. 큰맘 먹고 서울을 떠나면서 오후에는 개겠거니 했더니, 간간이 푸득푸득 날리던 눈발이 실상사 들어올 때쯤에는 제법 드세게 눈앞으로 달려들어 '때를 잘 맞추었다' 며 가슴을 쓸어 내린 터였다. 짧은 해거름에 사위가 어둑해질 무렵. 해탈교를 건너 잘생긴 돌장승에 눈을 맞추고, 널찍한 더덕이며 도라지밭을 지나 일주문 앞을 지나자니 현수막 하나가 내걸렸다. "예수님 탄생을 축하합니다."

화이트 크리스마스 이브에 도법 스님(52세)은 남원에 출타 중이다. 조계종 사태 때 총무원장 대행을 맡았다가 실상사로 돌아온 뒤 한층 더

바쁘게 지낸다 들었다. 그새 『화엄의 길, 생명의 길』이라는 책을 한 권 냈고, 요즈음에는 '인드라망 생명공동체'를 결성하는 일에 골몰하고 있다 한다. 꽝꽝 얼었을 밤길 무사히 돌아온 스님 얼굴 뵙고 인사만 올린 터였다. 아침 약속 시간에 허둥지둥 찾아뵈니 스님은 꼿꼿하니 앉아 차를 끓이고 있었다.

불살생 실천으로 시작한 농장공동체

도법 주지 스님을 교장으로 하고 실상사 귀농전문학교가 문을 연 지 이태째, 석 달 과정의 프로그램이 3기를 지나면서 모두 46명이 이곳을 다녀갔다. 개교일 도법 스님이 말씀한바, 이들은 "생명을 살리는 농사 문화, 더불어 함께 사는 삶의 문화를 창조"하기 위하여 힘썼으니, 20만 평 경내지 가운데에서 실상사 농장이 관리하는 3만 평을 실습지로 삼고 농사일은 물론이요 흙집 짓기, 염색법, 자녀교육 문제에 이르기까지 두루 자립적 삶을 꾸리기 위한 전문 지식을 몸에 익혔다. 석 달 과정의 전문 강좌인 만큼 여기 오는 이들 거개가 귀농의 뜻을 확고하게 다진 이들로서, 46명 중 대부분이 그 뜻을 이루었으며, 그 중 여덟 명은 실상사 농장에 남아 생태공동체에 대한 모색을 꾀하고 있다.

실상사 장기 귀농학교가 문을 열 때 세간의 관심을 크게 끌었으니, 스님의 귀농운동이나 절집에서 귀농 실습지로 선뜻 땅을 내놓는 일이 모두 흔치 않은 사건이었던 까닭이다. 어려운 결단을 내린 도법 스님의 뜻이 궁금하였다.

"귀농학교 열기 전부터 실상사 농장을 시도하고 있었어요. 불교가 갖

도법 스님은 얼마 전 조계종 사태로 나라가 시끌벅적할 때 총무원장 권한대행을 맡으며 그 사태를 해결하는 데 앞장선 적이 있다. 그러고는 다시 실상사로 내려가 세상의 이목에서 훌쩍 사라지더니, 귀농운동과 생명운동에 전력하고 있다.

고 있는 세계관이나 전통, 조건들이 대단히 좋은 조건들이다. 그래서 94년부터 농장공동체 얘기를 했고, 95년 겨울부턴가 일단 농사를 직접 지으며 하자 해서 환속하여 농사 짓는 친구를 초청해 농장을 시작했지요. 그러다가 이병철 본부장 만나면서, 농장이 제대로 자리잡히지도 않았는데 몇 단계를 건너뛰어 바로 운동으로 가버린 거예요. 귀농학교는 급하다 하고, 할 만한 조건은 안 되고, 그래서 좋다, 실상사에서 한번 저질러보자, 그렇게 된 거죠."

스님이 농장공동체를 염두에 둔 것은 오래 전부터의 일이다. 1965년 금산사에서 출가한 이후 강원과 제방 선원에서 수행에 정진하던 스님은 70년대 말과 80년 초에 화엄경을 읽으면서 깨달음 하나를 얻는데, 불교 수행과 현실 문제가 결코 분리될 수 없다는 것이었다. 제주도에서 태

어나 김제에서 자라 출가하기까지 농촌을 벗어나 본 적이 없으니, 급격한 산업화로 농촌이 무너지는 현장을 지켜보면서 불교 신앙과 농촌 문제를 연결짓는 길을 화두로 삼았던 터였다.

불살생(不殺生), 불교는 생명을 존중하는 종교이다. 소 한 마리이든 개미 한 마리이든 함부로 죽이지 못하는 것은 불교의 가르침인 연기(緣起)의 세계관에 따르는 실천 행위인바, 연기적 세계관을 실제 삶에 옮기기에 가장 적합한 삶의 양식이 농사임을 마음에 담고 있었다. 또한 '소 한 마리를 죽이느냐 안 죽이느냐 하는 의미'에서, 나아가 '더 근원적으로는 소가 소로 태어나고 살아갈 수 있는 조건들을 형성해주고 잘 유지되도록 해주는 것이 진짜 생명을 제대로 지켜주는 일'이라는 생각을 키웠으며, 이 연기적 세계관과 방법론으로 농촌 문제를 다루는 것이 곧 생명 살림 운동이라 깨우친 바였다. 그러므로 '불살생 정신의 실천 운동'으로서의 농촌운동은 스님의 종교적 신념이었으며, 화엄경을 읽으면서 더욱 탄탄히 다져졌다.

"불교의 세계관은 관계성의 세계관이라 해야 할까. 온 우주, 삼라만상은 관계의 산물이다. 관계에 의해서 형성되고 활동이 전개되고 있다, 이런 세계관이에요. 현대 과학에서는 이걸 생명의 그물이라는 말로 표현하지요. 한 인디언 추장의 말이라는데, 현대 과학이 우주에 대해서, 존재에 대해서 밝혀낸 내용들을 이보다 더 아름답고 충실하게 담아낸 말은 없다고 그래요.

화엄경에도 인드라망이라는 말이 나와요. 제석천의 그물이라는 뜻으로, 제석천이라는 하늘나라에 투명한 유리구슬로 만들어진 그물이 드리워져 있는데, 온 삼라만상의 모습이 전부 구슬에 투영되고, 구슬끼리 또 서로 모습이 투영되고, 동시에 총체적으로 투영된다는 거죠. 이 존재의 실상의 내부를 들여다보면 바로 삼라만상의 영상의 어떤 투영을 받아들인 바로 그런 관계다, 분리된 것이 없지요. 어떤 형태로든 전부 그 관계 속에서 이루어지고 있다는 거지요."

몸과 마음, 나와 너, 시간과 공간, 인간과 자연 등이 분리되어 개별적으로 존재하는 것이 아니라 모두가 불가분의 관계 속에서 생성과 소멸의 형태로 끊임없이 활동하고 있다. '동체이자 일체'인 것이다. 그러므로 이 세상에 존재하는 유형무형의 모든 것들은 마땅히 공존과 균형과 조화를 이루어 나가야 할 터인즉, 이것이 우주의 생명 질서이며 진리의 길이니 이러한 사고가 바로 화엄적 세계관이라는 말이다.

도법 스님의 "한 몸 한 생명의 세계관"이란 이 화엄적 세계관에서 비롯된 것인즉, "온 우주가 한 생명이요 그게 곧 나"임을 깨닫는 것이다. 부처가 외친 '천상천하유아독존'이란 바로 이 우주의 모든 생명이 곧

나임을 깨닫는 일이라 보니, 그 깨달음에서 비로소 상생의 도리가 살아
날 수 있을 터이다.

귀농학교에서 온 생명을 살리는 화엄의 세계로

농장공동체를 마음먹은 또 하나의 이유는 '불교는 공동체 운동이었
다' 고 하는 믿음이다.

"부처님은 연기적 세계관에 입각한 삶이 이루어지는, 그런 공동체 운
동을 견지했던 분이에요. 처음에 스님들을 중심으로 한 승가공동체 중
심으로 왔으며, 사찰이 만들어지고 특히 중국 불교, 한국 불교로 넘어오
면서 사찰을 중심으로 한 사부대중 공동체가 이루어졌어요. 거기에서
는 종교, 교육, 문화, 경제, 이런 부문에 자립적 삶이 이루어지는 공동체
였는데, 후대에 오면서 이념이 퇴색하고 변질되어 결국 이해관계로 가
버리고, 사찰은 지주 역할을, 재가자는 소작농으로 전락하게 되고, 결
국은 해체되어 버리거든요. 그런 불교적 이념을 토대로 한 공동체라는
것이 현대 사회에서도 회복해야 할 대단히 중요한 전통이라고 봐요. 불
교 세계관으로 봐도 그렇고, 불교 전통으로 봐도 그렇고, 현대 사회의
여러 정황으로 봐도 그렇고. 이런 판단에서 농장공동체에 관심을 갖게
된 거고……."

이 땅의 수행자들에게 화엄적 세계관에 대한 이해와 연구가 필요하다
는 생각에 도법 스님은 종단의 지원을 받기로는 최초인 화엄학림을 세
우고, 94년 개혁불사를 실질적으로 주도한 선우도량을 만들었으며, 실
상사 귀농전문학교로 그 뜻을 실천하고 있다.

수행자의 현실 참여가 온당한 것인가. 현대 사회에서 모든 종교 수행자들이 안고 있는 이 문제에 대한 스님의 답은 명쾌하다. "수행자가 곧 운동가"라는 것이다. 부처의 삶을 보라. 부처는 구체적인 삶의 문제를 '고(苦)'라 보고 이를 해결하기 위해 전 생애를 거쳤는데, 이것을 현실 참여와 비참여의 이분법적 틀로 가를 수 있겠는가. 스님 보시기에 부처는 "평생 운동하신 것" 인즉, 연기적 세계관으로 당신 삶을 가꾸었을 뿐 아니라 뭇 대중들에게 그 길을 "안내해주고 가르쳐주고 지도해준" 수행자이자 운동가였다. 스님은 그러한 부처의 삶을 본받고 따르고자 하는 것이다.

이즈음, 스님은 귀농학교에서 농장공동체로 나아가는 이 운동을 범불교적으로 확산하기 위하여 활발히 움직이고 있다. 농촌 문제가 해결되기 위해서는 도시 또한 변해야 할 터. 농촌과 도시를 연결하는 도농공동체 운동을 꾀하던 중, 좀더 큰 틀을 짜기 위하여 '인드라망 생명공동체'라는 단체를 만들게 되었다. 이 이름 안에서 서울에서는 생협 조직을 만들고 매장을 운영하며 이론 과정의 귀농학교를 운영하고, 실상사에서는 현장 교육 중심으로 귀농전문학교를 계속 열어 유기농 생산자들을 꾸준히 배출하며 이들을 중심으로 생산자 조직을 하려는 것이다.

생협 조직과 매장은 사찰이 중심이 되도록 할 일이니 현재 조계사, 봉은사, 문인선원, 서광사, 부천 용화사, 수원 포교당, 도선사들이 참여하고 있다. 또 불교환경교육원, 우리는 선우, 경불련, 생명나눔 실천본부 같은 단체들이 적극 나서고 있다.

주위의 우려가 만만치 않건만 도법 스님이 이렇듯 '사업'을 크게 벌이는 데에는 뜻이 있다.

"하나는 연기적 세계관과 삶의 방법을 좀더 현대적으로 정리해주고 제시해주자는 것이고, 두 번째는 불교가 갖고 있는 현실적인 자원들, 즉 사찰, 도량, 임야, 농지 등을 활용하여 불교가 갖고 있는 아름다운 전통이랄 수 있는 공동체들을 사찰 중심으로 만들어가자는 거지요."

내심 이런 일들이 장차는 종단의 공식적인 정책으로 추진되어나갈 수 있게 되기를 바라고 있으니, 이즈음 도법 스님을 각종 언론 매체에서 자주 접하게 되는 것도 이런 까닭에서이다. '분위기를 띄우기' 위해, 널리 알리고 공감대를 이루고 참여자를 늘리기 위해 "기회가 주어지면 사양하지 않고 뭐든지 얘기해도 좋다" 하며 나서는 것이다.

지리산 생태 보전을 위하여 올 초에 결성된 '지리산 연대'의 대표를 맡은 일이나, 대안학교를 염두에 둔 계절학교를 실상사 안에서 열려는 계획들도 다 따지고 보면 생명을 살리고 공동체적 삶을 이루는 화엄의 세계, 그 진리를 향한 길인 셈이다.

마지막으로 새천년에 대해 한 말씀 여쭈어보았다. 지난 세기, 인간이 자랑하던 고도의 과학기술문명과 상업자본주의는 이제 와서 인간은 물론이요 지구 온 생명의 존재를 위협하고 있는데, 새천년이 되어 다들 정체 모를 기대감에 들떠 있는 듯하다. 이 새로운 시공간에서는 과연 이 상황이 나아질까. 새 시대에는 어떻게 우리의 일상을 꾸려가야 할 것이며, 과연 새로운 길은 무엇일까.

"늘 해오던 얘긴데, 새로운 길은 없습니다. 본래의 길이 있을 뿐이지요. 인간이 본래의 길을 찾아서 가는 것만이 진정한 미래의 길이다, 그런 생각을 갖고 있어요. 아무리 시간적으로 큰 변화가 오고 기술적, 공간적으로 변화가 온다 해도, 그리고 삶의 방식이 달라진다 해도 세계관

의 문제가 다루어지지 않으면 안 된다고 보죠.

지난 세기는 갈등과 경쟁의 논리가 지배했지요. 너 없으면 나는 못 산다가 아니고, 나만 살아야 되기 때문에 상대를 짓밟고 간단 말이죠. 나와 너, 남자와 여자, 인간과 자연, 이렇게 나누는 이분법적 세계관이었단 말이에요. 이 이분법적 세계관으로 말미암아 소유, 독점, 지배, 대립이 첨예하게 중생의 삶을 지배한 시대였지요. 그 동안 중생의 역사는 자기 모순에 빠질 수밖에 없었는데 이에 대한 냉철한 반성이 필요하다 보고, 그야말로 생명 질서에 맞는, 본래 있었던 세계관을 바르게 파악하고, 이해하고, 그에 토대해서 삶의 방법들을 찾아내고, 이런 것이 우리가 새천년에 준비해야 할 중요한 가치가 아니겠는가 생각해요.

참다운 세계관이란 한 몸 한 생명의 세계관이고, 그걸 토대로 한 삶의 방법이라면 공존, 평등, 균형, 협력, 이런 것들인데, 이게 준비되지 않은 채 무슨 기술의 대격변, 문명사적인 대격변들을 얘기하는 것은 별 의미가 없지요. 현재를 한 몸 한 생명의 세계관에 맞게 온전히 사는 게 제일 중요한 것이지 미리 미래를 걱정할 필요는 없어요.

진리라는 것은 선택의 여지가 없다, 반드시 우리가 그 길로 가야만 제대로 된 삶이 가능해진다, 이런 얘긴데, 어쨌든 세계관의 문제를 중심 화두로 삼고 진리를 찾아가야지요."

여전히 눈이 휘날리고 있었다. 경내는 희디흰 솜이불을 덮었고, 실상사를 품에 안은 지리산 연봉들은 눈덩이를 이고 우뚝우뚝 섰다. 극락전 뒤껼 대밭도 눈송이를 안았고, 논이며 밭도 눈으로 뒤덮였다. 두 시간 남짓 이 마음에도 풍성하게 눈이 내렸다. '마음의 녹'이 씻겨나갈 만큼……

점심 공양을 마친 뒤 하직 인사를 올리자, 스님은 합장하고 고개 한 번 끄덕인 뒤 몸을 돌렸다. 가볍게. 그 몸짓이 눈송이 같았다.

새하늘 새땅을 찾아 닻을 내리다

—전북 무주의 허병섭 선생

　전라북도 무주군 안성면 진도리. 기세 높게 웅장하지도 않고, 그저 둥글둥글 평범하달 수만도 없이 꼭 중간만큼 편안한 깊이와 넉넉한 품을 지닌 덕유산 자락 한 골짜기이다. 몇 년 전만 하더라도 한참 오지에 속했을 터인데, 새로 국도가 잘 닦여서 자동차로 예까지 쉬 닿을 수 있다. 마을 입구에서 골짜기를 따라 잠시 올라가니 경사면을 등지고 잘생긴 집 너덧 채가 오손도손 앉아 있다. 그 중 남쪽으로 난 창 전면을 유리로 만들어 안살림이 훤히 보이는 집이 허병섭, 이정진 선생 부부 댁이다.

　거실에 앉아 앞을 바라보니 바로 눈높이에 맞추어 건너편 자락의 묵직한 봉우리들이 서로 어깨를 걸치고 자리잡았다. 마침 해거름의 부드러운 빛살을 받아서인지 참으로 안온하면서도 가슴이 탁 트이는 그런 기운을 느낀다.

허병섭 선생(61세). 필자의 기억에 남아 있는 선생의 또 다른 이름은
공 목사였다. 필자가 고등학교 수업 시간에 몰래 읽었던 소설 『어둠의
자식들』의 무대인 서울 달동네에서, '빈민의 벗'으로 그들 가운데 하느
님 나라의 부활을 꿈꾸며 소설의 실제 모델인 빈민교회를 이끌던 선생
이다. 이미 오래 전 종적을 잃어버려 뭉텅 잘려나간 내 기억의 저쪽 끄트
머리가 훌쩍 세월을 뛰어넘어 이곳에 닿았다.

서울 언저리에서 여기 산골까지가 얼마인가. 그 지리적인 거리도 거
리려니와 두 공간이 빚어내는 삶의 내용과 분위기는 또 얼마나 멀게 느
껴지는가. 분명 굽이굽이 사연 많고 곡절도 많은 길이었을 터, 종내 여
기에 한 생애의 짐을 푼 연유가 궁금했다.

"허허……. 그냥 자연과 시골에서 여생을 보내고 싶다, 이젠 좀 쉬고
싶다 그런 생각뿐이었어요. 특별히 귀농이라 하여 농사에 주된 목적을
두고 내려온 게 아니지요."

의외로 간단하게 말문을 연다. 원래 노독(路毒)은 마침내 긴 여행길이
끝나고 이제야 쉬어볼까 하는 순간 왈칵 밀려오는 것인데……. 하지만
이제 굳은 피로를 녹이며 휴식에서 우러나는 편안하고 느긋한 표정이
스쳐지나갔다.

도시에서 시골로 새 삶을 열다

"70년대 중반부터 도시빈민과 더불어 살며 사회변혁운동, 교회갱신

운동 나아가 인권운동을 벌이면서 이것이 아니면 삶이 아니라고 믿었고, 실제로 그것이 삶의 전부였어요. 그렇게 90년대 중반까지 뒤돌아보지 않고 치열하게 살았지요. 그런데 시간이 흐르면서 점차 끝을 알 수 없고, 채워지지 않는 그런 황폐한 모습만이 남았어요. 종국에는 도시라는 거대 기계의 부속품 역할에 지나지 않았다는 자괴감에 빠져들었죠. 그동안 해온 일이란 게 고장난 기계를 부분적으로 손보고, 삐걱대는 기계에 기름칠을 해주었을 따름이 아닌가 익심스러워지고······. 정작 이 기계를 운전하는 사람은 재벌이나 정치인인데 나는 그 운행에 일조하고 있는 게 아닐까 하는 근본적인 회의가 든 것이에요. 그 전까지는 하느님도 도시 속에 살아 움직이신다 생각했지만, 그걸 부정하게 되었죠. 그러고 나니까 도시에 대한 거부감에 더 이상 견딜 수가 없더군요."

무슨 계시처럼 무조건적으로 다가온 충동은 아니었다. 시대가 바뀌고 사람이 바뀌었다는 사실에 쫓긴 게 아니라, 스스로 무언가 근본적으로 잘못은 없지 않았는가 하는 자문을 수없이 되풀이하는 가운데 생긴 것이기 때문이다. 그 뒤 모색과 고민의 과정에 함께 한 사람들도 있었다. 나름대로 목적의식을 가지면서······.

뜻을 같이하는 사람끼리 '새 하늘 새 땅을 찾는 모임'을 가지며 '새 삶의 자리'를 찾아 나섰다. 노자(老子) 강의를 듣고 전우익, 김상덕, 김흥호 선생 등을 모시어 말씀을 듣는 한편 김제, 부안, 진도, 해남, 거창, 울진 등 생태적 유기농을 하는 이 땅 곳곳을 둘러보기도 했다. 이 과정에서 커다란 충격을 받고 또 다른 가치와 세상에 대해 새롭게 눈뜨는 경험을 한 것이 시골에 닻을 내린 계기가 되었다.

공 목사로 더 알려진 선생은 귀농을 하면서 목사직을 버렸다. 그렇다고 신앙마저 버린 것은 아니다. 다만 목사라는 직책에서 오는 기득권이나 선입관을 버리고 평생 노동하는 삶을 살고자 했을 뿐이다.

"이곳에서는 하루하루가 감동의 연속입니다. 즐거움과 감사의 마음으로 탄성이 그치질 않습니다. 미물인 지렁이가 땅에서 부리는 조화에 놀라기도 하고 다람쥐, 청설모와 사이좋게 장난치다 때로 티격태격하며 노는 재미가 깨가 쏟아지는 신혼살림에 못지 않아요. 흙을 만질 때면 애인을 애무하는 느낌이에요. 마치 자연과 연애라도 하듯이 말이죠."

무척이나 표현을 아끼려 하나 한마디 한마디에 절로 시적 감흥이 묻어 나온다. 마치 어린아이가 자연에 서면 그 속에 녹아들어 망아(忘我)의 경지에서 놀듯이, 이제 금방 자연을 온몸으로 만끽하고 나서기라도 한 것처럼 만족감으로 밝아진 얼굴을 숨길 수 없는 것 같다. 이 순간만큼은 영락없이 어린아이의 모습이다. 그 연애(?)의 여운을 음미라도 하듯이 천천히 이야기를 계속 풀어간다.

"작물이 자라면서 나타나는 변화는 신비함 그 자체입니다. 거기에서 오는 흥분은 정말 대단합니다. 관찰을 통해 배우고 농사 방법을 하나하나 찾아가는 재미도 그에 못지 않고요. 이렇게 명상하며 탐구하는 데서 오는 즐거움은 진리를 찾아가는 재미와 결코 다르지 않다는 생각을 하게 됩니다. 무엇보다 이러한 시골 생활을 이루는 삶의 내용 자체가 좋습니다. 이 과정에서 언뜻언뜻 연상되는 도시 생활을 되돌아보고 비교해 보면 이곳이 훨씬 아름답고 재미있습니다."

시골에 대비된 도시는 조직화, 의식화, 투쟁, 갈등, 긴장이 숨가쁘게 이어지는 삶이었다. 삶 자체가 다른 곳이었다. 그러나 시골은 우선 대의명분이 안 보이는 자리이며, 진정한 개인의 자유가 날개를 달고 소극적인 은둔주의까지 숨통을 열어주는 자유와 평화의 땅이라는 생각이 들었다. 농사를 위한 귀농이 아니라 '삶의 요구'에 따라 움직였다고 강조하는 선생의 말은 기실 내면에서 솟아나는 영혼의 떨림과 같은 강렬한 원초적 요구에 우선 귀를 기울였다는 뜻으로 새겨본다.

밀알노동의 깨우침

2년에 걸쳐 새로운 삶에 적응하는 시간을 보내고 나서 본격적이고 안정되게 농사일을 하고파 지금 여기의 터로 옮겼다. 나의 자리를 찾다 보니 "집터가 보였다"는 말씀 그대로 문전옥답을 갖추는 절묘한 행운도 따라주었다. 살림집은 건축일꾼 두레 활동을 할 때 열댓 채 지어본 경력이 있는지라 스스로 지을 수 있었다. 내 집을 내 손으로 짓는 재미 또한 예전엔 맛볼 수 없는 각별한 것이었다고 한다. 논 1천 평, 밭 6백 평에 집 터를 포함하면 적당한 농가살림 규모라 할 만하다. 그때부터 3년째 본 격적으로 논과 밭을 일구고 있는데 새로운 품종, 새로운 농법을 왕성하 게 실험해보고자 한쪽에는 우렁이 농법, 또 한쪽에는 오리 농법, 다른 곳에는 태평 농법, 이렇게 여러 가지를 동시에 나누어 하였다.

농사를 중심으로 인간을 포함한 온 생명의 공동체에 대한 사고를 키 워나갈 수 있었으니, 이때를 전후로 선생은 노동에 대한 새로운 관점을 얻게 된다.

"농촌의 노동, 그러니까 농사에 흠뻑 빠져드는 과정에서 문득 지금 내 땀과 내 삶이 농축된 이 노동이 바로 생명을 살리는 행위라는 인식에 이 르렀습니다. 자기를 희생해서 누군가를 살리는 노동, 자기를 죽여서 남 을 살리는 노동이야말로 예수가 비유한 밀알의 가치와 같지 않겠느냐 는 깨우침이었죠. 그래서 저는 이것을 밀알노동이라 이름붙이고 싶습 니다."

'밀알노동'이라는 관점을 얻자 지금껏 살아왔던 삶을 다른 눈으로 돌 아보게 되었다고 한다. 내 삶이 농축된 모든 행위, 그러나 결코 그 열매 를 자신이 따먹지 않는다면 그 또한 다른 생명을 살리고 키우는 밀알노 동에 다름 아닌가. 그렇담 모든 사회활동도 밀알노동적 삶으로 전환될 수 있지 않을까. 삶의 모든 점과 연관될 수밖에 없지 않을까. 이런 해석 에 이르자 밀알노동의 개념은 새로 시작된 농사가 어떠해야 하는가를 확연히 밝혀주는 이정표가 되었다고 회고한다. 그리고 자신의 전 생애 가 무엇이었는지 비로소 온몸에 속속들이 들어와 박히는 느낌이었다는 것이다.

　선생이 도시와 시골을 선과 악이라는 이분법적 갈등과 모순으로 보고 그 고통에서 벗어나고자 했던 몸부림이 당신을 농사에 이르게 했다면, 다시 농사를 통해 도시와 농촌이 결코 둘이 아니며 하나의 연속선상에 놓여 있음을 알아차릴 수 있게 된 것이리라.

생태마을의 구상

　오랫동안 공적인 자리를 지켜온 사람들이 세간으로부터 받는 흔한 오해가 있으니, 그가 어디에 서 있건 반드시 책임자로 주목받는 일이 그것이다. 과거에 이러저러한 단체와 공적인 임무를 수행하였으니 필시 지금의 자리에서도 그러할 것이리라는 지레짐작이 불러일으키는 사태이다. 사명감을 잃지 않는 원천일 수도 있겠으나 때론 거추장스런 업보가

부인과 집 앞에서. 선생은 도시에서 빈민운동을 할 때도 한시도 노동으로부터 벗어난 적이 없다. 그러나 뭔가 도시의 삶은 거대한 기계의 한 부속품에 불과하다는 문제의식을 벗어버릴 수 없었다. 아무리 둘러보아도 밀알이 될 수 있는 노동은 도시에서는 찾을 수가 없었다. 그러다 어느 날 훌쩍 시골로 내려와보니 그곳엔 모든 삶이 밀알과 같은 노동의 가치로 충만함을 깨닫게 되었다.

되는 일을 피할 수 없다.

"일을 찾아다니지는 않지만 기회가 오면 마다하지 않아요. 생태적 삶과 지역민이 결국 나를 끌고 만들어가는 힘이지요. 그래서 저에게는 나만의 계획이라고 할 게 따로 없습니다."

이렇게 어찌할 수 없이 활동적인 기질을 가졌으니 선생도 생태마을과 관련하여 관심이 집중된 게 있다.

"원래 생태마을은 몇몇 사람들이 합심하여 이곳을 중심으로 인근 6만 5천여 평을 구입해 생태적 시스템을 갖춘 마을을 만들어보자고 계획한 일이었습니다. 실제 설계안을 만들기도 했고 다섯 가구가 귀농을 하는 계기가 되었지요. 하지만 초기의 구성원들 사이에 결집은 약했습니다. 한두 해 갖고 이루어질 성질도 아니었을 뿐더러 귀농한 사람들의 성향과 목적과 동기가 제각기 다르고, 또 개별적인 차원에서 결단하고 내려왔기 때문이지요. 커다란 그림은 있었으되 공동체를 구성하기 위한 구체적인 프로그램을 실천하지는 못했습니다. 따라서 애초의 설계와 구상만이 남아 있지 실체는 없는 셈입니다."

보기에 따라서는 지금의 마을 상태가 바로 공동체로 수렴하는 긴 과정 가운데 일부라고 여길 수도 있을 것이며, 혹은 조그만 단초만을 남긴 채 정체해 있다고 판단할 수도 있겠다. 어찌되었든 외형적인 모습이나 틀로써 볼 수 있는 것은 아무것도 없는 셈이니, 애정 어린 관심을 가진 이들이라면 우선 피상적인 선입관을 벗고 지켜볼 일이다.

환경의 변화, 가치관의 격변 속에서 사람들은 각기 개인이 적응하고 해결해야 할 생활상의 시급한 과제에 먼저 부대낄 수밖에 없을 것이므로 초기에는 조급증이 가장 큰 함정이 될 수 있을 것이다. 이런 점을 고려하여 선생은 5, 6년 뒤, 아니 그 이상 훨씬 늦춰지면 늦는 대로, 또 이루어지지 않으면 않는 대로 두고 보리라 한다.

그렇다고 하더라도 생태공동체에 대한 선생의 생각은 분명하고 단호한 데가 있다.

"생태공동체는 새로운 가치 체계를 정립하는 데서 비로소 싹을 틔울 수 있습니다. 인간의 삶을 위해 자연을 기획하고 재단하는 대상으로 삼는 데서는 파괴와 갈등만을 남길 것이며, 그러한 가치관은 궁극적으로는 인간의 실패를 낳습니다. 우리는 다만 자연 생명들이 갖춘 공동체성을 배우고 그에 참여, 합류하는 것일 뿐이며, 바로 이 과정 자체가 곧 농사요, 생태공동체입니다. 이젠 모든 행위의 의미를 이러한 생태공동체 개념에 비추어 사고하고자 합니다."

따라서 생태마을에서 시스템을 기획하고 디자인하는 것은 부차적인 일이며 무엇보다 근본 정신이 먼저 서야 한다는 점을 강조한다.

꽃이 피고 벌과 나비가 날아들고 미생물이 번성하며 공생 공존하는 자연과 생명의 모습에서 그대로 공동체의 모습을 직관적으로 파악할 수 있게 된 것은, 아마 도시적 삶에서 얻은 아픈 상처를 다스리는 고통을 겪었기에 가능하지 않았을까 싶다.

"사람들은 공동체를 통해 비판적이고 분석적인 성향이 둥글게 다듬어지면서 보다 부드럽고 포용적인 품성으로 저절로 변화해나갈 것이라고 봅니다. 단지 의식뿐만 아니라 메마른 감성을 일깨우는 변화를 말하는 것입니다. 그럼으로써 삶은 내 개인의 소유가 아니며 이러한 변화는 나 혼자서만 가질 수 없다는 깨달음에 이르고, 자연스럽게 삶을 나누고 싶어하게 되는 것이지요."

276

선생 자신이 몸으로 깨우친 낙관적인 전망이 아닐 수 없다.

또 다른 밀알들에게

"젊을수록 방법 그대로를 적용하려는 경향을 갖는 경우가 많습니다. 고독하게 자기 삶과 투쟁하던 관성이 강하게 남아 있어서 그런 게 아닌가 합니다. 게다가 초기에 정착하는 단계에서 닥치는 빠듯한 현실이 더욱 그러한 면을 키우는 점도 있고요. 극단적으로는 자기 신념과 자기 도취에 빠질 수도 있음을 항상 주의해야 합니다. 헌데 할 수 있는 것을 자연스럽게 하다 보면 몸에 배고, 몸으로 배운 것이 진실로 나타나는 것이겠지요. 그래서 머리와 정보와 지식으로서가 아니라 몸으로 배우고 느끼는 것이 중요합니다."

산전수전 다 겪어본 어른들이 하는 이야기일수록 상식에서 크게 벗어나지 않는가 보다. 역시 선생이 '기본'을 말하는 대목에서 쉽게 지나칠 수 없는 농축된 경험의 무게를 느낀다.

"공동체 의식은 단순히 감성만으로도, 차가운 이성만으로도 이를 수 없지 않은가 합니다. 이성적인 판단력과 합리적인 대화 능력뿐만 아니라 더불어 함께 어우러지는 공동체적 감수성이 조화가 되어야 할 것입니다. 함께 살다 보면 어떤 일에서든 갈등과 충돌은 반드시 일어나게 마련이나, 이것을 풀어내어서 집단의 힘으로 승화시킬 수 있는 자질과 역량과 품성을 키우려는 개인적인 노력, 집단적인 프로그램에 관심을 기울였으면 합니다. 특히 공동체 경험이 부족한 세대로 갈수록 이 점이 관건이 되리라는 생각이 듭니다."

모든 일과 만물이 생기는 가운데는 반드시 거쳐야 할 산고(産苦)가 있게 마련이지만, 그 상처의 후유증만큼은 지혜가 좌우하는 것이 아닐까. 도시에서 농촌으로 가는 길에 서서 이제 막 농사와 공동체라는 화두를 든 이들에겐 선생이 체험한 이야기가 그 지혜를 다듬고 풍성히 키우는 하나의 '밀알'이 될 수 있을 게다.

귀농은 삶의 뿌리 찾기

— (사)전국귀농운동본부 이병철 본부장

'진보'에서 '생명'으로

새천년 첫해인 2000년. 귀농운동본부 이병철 본부장(54세)은 부인 박정희 교수와 함께 원시반본(原始反本)이란 글을 파서 찍은 연하장을 지인들에게 돌렸다. 원시반본. 옥편을 뒤져도 찾을 수가 없었다. 말뜻은 선생이 그 해 1월 펴낸 자신의 저서 제목에 담겨 있다. 『살아남기, 근원으로 돌아가기』. '21세기의 새로운 문명을 찾아서' 라는 부제가 붙은 책이다. 모두가 새천년의 희망을 얘기할 때 선생은 살아남으려면 근원으로 돌아가야 한다고 외쳤다.

선생이 말하는 근원은 농촌공동체다. 선생은 "새천년에도 아이들이 지구상에 살아남기를 원한다면 시골에 가서 농사를 지으라" 강조한다.

이해하기 힘들었다. 먹고살기 힘들어 모두가 떠나는, 뼈빠지게 일해도 입에 풀칠하기조차 힘든 농촌으로 돌아가는 게 새천년식 살아남기 방법이라니. 20여 년간 반독재민주화투쟁의 최선봉에 섰던 선생의 '화려한' 경력과도 어울리지 않는 말이었다.

"인류는 지금 멸절의 위기에 처해 있다. 자본주의냐 사회주의냐, 선진국이냐 제3세계냐를 놓고 다툴 때가 아니다. 자원의 고갈과 생태계의 파괴로 인류뿐만 아니라 지구상의 모든 생명이 위협받고 있다. 이제 진보가 아니라 생존을 인류의 화두로 삼아야 한다. 80년대 반핵, 자연보호 운동에서 인류 전체의 생존문제를 지구적, 태양계적 차원으로 끌어 올려야 한다. 그러기 위해서는 자연에 대한 약탈과 파괴에 기반한 생활양식에서 벗어나 공존과 순환에 자리한, 살림의 철학을 가진 농촌공동체를 시급히 건설해야 한다."

김지하 시인이 선생을 우주농사꾼이라고 한 게 이해가 되었다. 김 시인에 따르면 선생은 "밥 먹고 똥 싸는 일에 담긴 우주순환의 신비를 깨달아 파멸로 치닫고 있는 이 세상의 온 생명을 살리는 살림으로서 생명 공동체 운동"의 시작과 끝이 농사에 있음을 발견한 것이다.

선생이 발견한 농사는 일반인들이 생각하는 것과 다르다.

"농사는 이윤 쟁취를 위한 도구가 아니다. 지금 많은 농민들이 돈에 이끌려 당장 눈앞의 편함과 생산량을 늘리기 위해 비료 주고 농약 쳐서 땅을 죽이고 생명의 근본인 밥상을 독으로 오염시키고 있다. 그들에게 거룩한 생명인 작물은 돈을 위해 팔리는 도구일 뿐이다. 진정한 농민은 땅을 갈고, 자식을 갈고, 세상을 가는 사람이다. 땅을 살리고, 밥상을 살리고, 세상을 살리고, 우주의 온 생명을 살리는 게 진정한 농민이다."

선생의 이런 깨달음은 어디서 온 것일까. 민청학련 사건으로 옥고를 치른 뒤 민주화운동의 주요 '기지'였던 농민운동에 투신한 선생이었다. 그런 분이 민주화, 인권, 통일, 인간의 얼굴을 한 자본주의 등 진보적 시대정신이 부여잡고 있는 화두를 버리고 귀농운동이라는 한국판 브나로드 운동을 시작하도록 한 기제는 무엇일까.

농민운동가의 꿈

선생은 초등학교 5학년 때 심훈이 지은 소설 『상록수』를 읽고 농민운동가가 되리라 결심했다고 한다. 하지만 선생은 마흔이 넘어서야 그 다짐을 실천할 수 있었다. 농민운동가의 한길로 들어서기 위해 20여 년을 에둘러왔다고 볼 수 있다. 하늘이 사람을 내서 쓰기까지 수많은 일을 통해 단련시킨다는 옛말은 바로 선생에게 적용되는 말일 것이라는 생각이 들 정도로 그의 삶은 파란만장했다. 1974년 3월에 제대한 지 한 달도 채 되지 않아 민청학련 사건으로 1년 2개월 옥고를 치른 선생은 사회인이 되어서도 민주화운동에 투신한다.

"그때 운동단체라고 해야 노동 쪽의 도시산업선교회와 농민 쪽의 가톨릭농민회가 대표적이었어. 어릴 때 농민운동가가 되겠다고 다짐한 대로 주저 없이 가농에 가입했지."

가농에서 선생의 활동은 눈부셨다. 경남에 처음으로 가농 조직을 만들었고, 노동계의 YH 사건에 비견되는 '오원춘 사건'을 현장에서 총지휘한 것도 그였다. 오원춘 사건은 안동교구 가농 간부였던 오원춘 씨가 불량 씨감자 보급에 대해서 정부에 항의하다 중앙정보부에 의해 울릉

귀농본부 일꾼들과 함께. 한번 결정하면 그것을 밀어붙이는 데에는 이병철 본부장을 따라갈 이가 드물다. 농민운동의 최전선에 있다가 돌연 생명운동과 귀농운동을 제기하더니 이내 조직을 만들어버렸다. 그러고는 귀농본부말고도 우리밀살리기, 우리농촌살리기, 한살림, 생협, 녹색연합, 환경운동연합 등에서 그는 때론 앞에서 때론 뒤에서 주어진 역할을 마다하지 않았다. 하지만 새로운 결정을 할 때는 누구보다도 신중한 이가 본부장이다. 생명운동으로 방향을 결정할 때도 본부장은 1년여의 결코 짧지 않은 칩거생활을 보내야 했다.

도로 납치된 사건으로, 가톨릭이 박 정권에 등을 돌리는 중요한 계기가 되었다. 선생은 이 사건에 항의하기 위해 안동 지역 농민들을 조직해 21일간 농성에 들어갔다. 당시 언론은 죽창을 들고 농성을 벌인 농민들을 '죽창을 든 폭도'로 묘사했다고 한다. 그 사건 외에도 소몰이 시위, 양담배 불매운동 등 농민운동사를 장식한 굵직굵직한 사건의 현장에는 언제나 선생이 있었다. 그때까지 선생에게 농민운동은 다른 운동과 마찬가지로 반독재민주화투쟁의 중요한 '도구'였다. 그러나 1980년에 벌어진 광주항쟁과 1987년 후보단일화 실패에 따른 대선 패배는 농민운동이 변혁을 위한 도구가 아니라 그 자체로 큰 의미를 갖고 있음을 깨닫게 한 계기가 되었다.

"민중이 스스로를 보위할 힘이 없이는 민주화가 불가능하다는 것을 깨달았지. 보위력은 근거지 확보에서 나온다는 생각에서 농촌마을에 공동체를 구축해 민주화기지로 만들어야겠다고 생각했어. 통치기반의

하부를 마비시켜 버리자는 것이지. 새로운 의미를 부여하기는 했지만 나에게 농민운동은 여전히 반독재투쟁의 도구였지. 그러나 1987년 후보 단일화 실패로 또다시 군사정권이 등장하는 것을 지켜보면서 기존의 운동에 회의를 갖게 되었고, 반대로 농민운동의 근본성에 눈을 뜨게 된 거야."

선생은 대선 패배 뒤인 1988년 1월 열린 국민회의운동본부 회의에서 "우리가 분열되어 하늘이 준 기회를 놓친 것이므로 국민 앞에 사죄하고 운동을 그만둬야 된다"고 주장하고 사표를 낸 뒤, 마산으로 내려가 바깥출입을 않은 채 자신이 살아온 길을 반추하기 시작했다.

온 생명과 더불어 사는 삶으로서 귀농운동

"지나온 운동을 살펴보니 저항하는 자와 억압하는 자는 위치만 다르지 본질적으로는 똑같더라구. 권력을 획득해 물질적 욕망을 이루려는 데에서는 근본적으로 차이가 없다는 생각이 들었어. 우리가 건강한 세상을 만들려면 우리가, 아니 내가 먼저 건강해지지 않으면 안 된다는 결론에 도달하게 되었지. 한참을 싸우다 보니 적이나 아군이나 모두 지구상에서 사라지고 말 절대절명의 위기에 처했다는 것을 알게 된 거라."

이러한 깨달음에는 무위당 장일순 선생의 영향도 적지 않게 작용했다고 한다. 선생이 "인생의 유일한 스승"이라며 존경하는 무위당 선생의 밥 사상(밥은 생명이고 하늘이므로 같이 생산해 나눠야 한다는 사상)은 1990년대 들면서 선생이 제창한 생명공동체 운동의 큰 뼈대를 차지하고 있다. 1년 남짓한 칩거 기간 동안 선생은 생명공동체 운동에 더욱 천착

하였다.

하지만 세상은 선생을 그냥 두지 않았다. 1989년 서경원 의원의 방북 사건으로 가톨릭농민회가 쑥대밭이 되자 그에 따른 조직 정비의 책임이 그에게 주어졌다. 선생은 이를 계기로 생명공동체 운동을 세상에 펼치기 시작했다. 가농 안팎으로부터 "허황된 논리로 운동을 망친다"는 비판이 쏟아졌지만 선생은 굽히지 않았다. 1990년 우리밀살리기 운동이 시작되었고, 이는 1995년 우리농촌살리기 운동을 탄생시키게 된다.

특히 가톨릭 교단이 중심이 되어 시작한 우리농촌살리기 운동은 도시 소비자를 참여시킴으로써 농촌공동체 운동을 한 단계 발전시키는 계기가 되었다. 도시의 한 성당이 농촌 한 마을을 책임지는 이 운동은 생산자와 소비자가 함께 농촌을 살려야 하는 공동운명체라는 개념 아래 도시 소비자공동체는 생산물을, 농촌 생산자공동체는 도시 소비자의 안전한 밥상을 책임짐으로써 자본주의 시장체계를 극복하도록 했다. 선생은 이를 통해 농민과 도시 소비자는 물론 자연 속의 온 생명이 온전히 건강하게 될 것이라고 생각했다. 그러나 얼마 지나지 않아 농촌살리기 운동이 가진 한계를 알게 되었다.

"도시와 농촌 모두 시장의 지배적인 힘에 저항할 준비가 안 되어 있었다. 농촌살리기 운동은 단순히 깨끗한 먹거리를 사고 파는 운동이 아니라 삶에 대한 새로운 성찰을 통해 가치관을 바꾸는 근본적인 운동을 지향했으나, 소비자와 생산자 모두 거듭나기에는 역부족이었다."

선생은 도농공동체 운동을 통해 소비자와 생산자가 지금 인류가 처한 위기를 이해하고 생명공동체 운동에 나설 것으로 생각했으나, 그 운동은 깨끗한 먹거리를 나누는 또 하나의 유통체계로 기능하는 데 머물고

전국 귀농학교 학생들과 함께

있었다. 선생은 다급해졌다. 파멸로 치닫고 있는 인류문명을 되살릴 가능성은 없는 것인가. 그리고 사람에 주목했다. 농촌공동체 운동을 확산시키기 위해 우주농사꾼의 의식을 가진 젊은이를 농촌으로 보내자. 귀농운동은 그렇게 시작되었다.

선생이 가르치는 귀농은 기존의 농업관을 철저히 버리라는 것이다. 선생은 물질 대신 인간의 조화된 삶의 실현을 목적에 둔 귀농을 강조, 또 강조한다. 빈곤하지만 가난한 삶을 자족하며, 나와 우리 가족뿐만 아니라 주위의 온 생명과 더불어 사는 살림으로서 농사를 지을 것을 요구한다. 요즈음 선생은 귀농자들에게 '토착민되기'를 설파하고 있다. 그에게 토착민은 인류문명의 겨울을 준비하기 위한 유일한 방안이자 살아남기의 근거지다. "공경과 삼감, 아낌과 보살핌을 삶의 철학으로 가진 토착민에 의해 새로운 인류문명이 시작될 것"이라는 게 선생의 굳건한 믿음이다.

선생은 올해도 지인들에게 목판으로 인쇄한 연하장을 보냈다. 접화군생(接化群生). 인간뿐만 아니라 동식물은 물론, 무기물 등 우주만물을 다 가까이 사귀어 감화시키고 진화시켜 완성한다는 뜻이다. 원시반본해 접화군생하는 삶이 바로 귀농운동이라는 뜻이리라.